网络空间安全丛书

零基础快速入行SOC分析师

(第2版)

[美] 泰勒·沃尔(Tyler Wall)
贾勒特·罗德里克(Jarrett Rodrick) 著

贾玉彬 张 超 译

清華大学出版社

北 京

北京市版权局著作权合同登记号 图字：01-2024-5505

Jump-start Your SOC Analyst Career: A Roadmap to Cybersecurity Success，Second Edition by Tyler Wall, Jarrett Rodrick

图书在版编目(CIP)数据

零基础快速入行 SOC 分析师 ：第 2 版 / (美) 泰勒 • 沃尔 (Tyler Wall), (美) 贾勒特 • 罗德里克 (Jarrett Rodrick) 著 ；贾玉彬，张超译. -- 北京 ：清华大学出版社, 2025. 5. -- (网络空间安全丛书).--ISBN 978-7-302-69137-2

Ⅰ. TP393.08

中国国家版本馆 CIP 数据核字第 20251YZ429 号

责任编辑：王 军
封面设计：高娟妮
版式设计：思创景点
责任校对：成凤进
责任印制：杨 艳

出版发行：清华大学出版社
网 址：https://www.tup.com.cn，https://www.wqxuetang.com
地 址：北京清华大学学研大厦 A 座 邮 编：100084
社 总 机：010-83470000 邮 购：010-62786544
投稿与读者服务：010-62776969，c-service@tup.tsinghua.edu.cn
质 量 反 馈：010-62772015，zhiliang@tup.tsinghua.edu.cn
印 装 者：北京同文印刷有限责任公司
经 销：全国新华书店
开 本：148mm×210mm 印 张：7.375 字 数：198 千字
版 次：2025 年 6 月第 1 版 印 次：2025 年 6 月第 1 次印刷
定 价：59.80 元

产品编号：109499-01

关于作者

泰勒·沃尔(Tyler Wall)是Cyber NOW Education的首席执行官，该公司专门提供便捷且价格合理的全球网络安全培训和认证服务。泰勒是一位经验丰富的安全专家，曾在全球多家大型企业任职，具有长达十年的安全运营经验。

泰勒拥有普渡大学网络安全管理理学硕士学位，还获得了CISSP、CEH、CSSK、Terraform Associate、CFSR、LRPA、Security+、Network+和A+认证。

他喜欢和儿子一起共度闲暇时光，并且喜欢发挥创造力。

关于合著者

贾勒特·罗德里克(Jarrett Rodrick)是 Omnissa 公司的安全运营高级经理，曾任 VMware 安全运营中心的高级经理。他曾是美国陆军的网络防御专家和网络战专家，现已退役。在美国陆军网络司令部和财富 100 强公司主导的世界级安全项目中，他积累了超过 11 年的防御性网络运营经验。贾勒特的教育背景包括获得 SANS 技术学院的应用网络安全理学学士学位和 17 项 GIAC 网络安全认证。他定居在得克萨斯州的梅利萨市，喜欢和儿子一起打高尔夫球，和家人一起玩棋盘游戏。

关于特约撰稿人

马修·彼得森(Matthew Peterson) 是一位有抱负的 SOC 分析师，拥有超过十年的金融服务行业经验，并在软件开发、人工智能和图形设计方面拥有深厚的背景。他获得了雷鸟全球管理学院的全球管理硕士学位和太平洋海岸银行学院的研究生证书。在这本书中，马修将他的专业知识运用到创建图形主题和撰写第 6 章“云端 SOC”中。他擅长将复杂的技术概念转化为清晰、引人入胜的视觉效果和故事叙述。

马修现居亚利桑那州的斯科茨代尔市，他喜欢陪儿子们打棒球，以此平衡职业成就和家庭生活。

杰森·图尼斯(Jason Tunis)是全球最大信贷联盟的安全自动化经理。他主要负责安全和欺诈事件响应、威胁情报以及安全自动化和编排。杰森是一位经验丰富的网络安全专家，拥有超过 15 年的工作经验，他获取的认证包括 CISSP 和 GSLC。他与妻子和三个孩子一起生活在中西部。

关于技术审校者

扎克·加西亚(Zach Garcia)开始从事网络安全事业之前，审校技术图书只是他的业余爱好。他一直对事物的运作方式充满好奇，喜欢创造性地思考用于提高安全性的有趣方法(有时甚至是通过破坏安全性来进行)。

他的职业生涯涉及多个领域，从数字取证、事件响应(Incident Response，IR)角色，到逆向工程恶意软件，再到为多个行业编写恶意软件和进行渗透测试等多个方面。

无法抑制的好奇心，加上对谜题和与人交流的热爱，激发了他对网络安全行业的热情。在闲暇时，扎克喜欢园艺、与家人共度美好时光，以及破解他能接触到的每一台智能设备。

致谢

首先，我要感谢我的妻子海蒂•沃尔(Heidi Wall)无条件地爱着我。我还要感谢我的母亲凯伦•霍奇斯(Karen Hodges)，从小她就让我读书，与我已故的祖母弗吉尼亚•格罗斯•斯特宾斯(Viriginia Gross Stebbins)一起成为我生命中接受教育的明灯，照亮了我的求知之路。我要感谢马修•彼得森(Matthew Peterson)，他是一位有抱负的 SOC 分析师(来自亚利桑那州凤凰城)，为本书的图形展示做出了卓越的贡献，本书中的所有配图都是他设计的。我要感谢我的前任经理扎克•加西亚(Zach Garcia)，自从我遇到他并加入这个项目以来，他一直支持我，并发现了很多我在审校过程中遗漏的内容。我要感谢所有 SOC 故事的作者，希望他们的职业生涯能够充实，并成为世界各地其他人的灵感来源。我要感谢视频制作人迈克尔•阿楚列塔(Michael Archuleta)，感谢他在 Cyber NOW Education 的辛勤工作，感谢他帮助 Cyber NOW Education 走进大众视野。

——泰勒•沃尔

首先，也是最重要的，我要感谢我美丽且可爱的妻子斯泰西(Stacey)。她不断给予我的爱和耐心为我提供了成为网络专业人士所需的支持。我还要感谢无数士兵和军队领导人，在我 16 年的职业生涯中，我有幸向他们学习。从诺克斯堡的军训教官到网络防护旅的高级军官，他们都在我成长的过程中发挥了重要作用。最后，我要感谢 VMware 为一位即将退役的士兵提供了机会，让我开启了军队以外的职业生涯。能够加入这样一家出色的公司，我倍感荣幸。谢谢！

——贾勒特·罗德里克

序

斯蒂芬·诺思卡特(Stephen Northcutt)
SANS 技术学院和 GIAC 认证创始人

安全运营中心(Security Operation Center，SOC)每天 24 小时不间断地检测、分析和响应网络安全不良事件。这是一项艰巨的挑战，需要资源、管理和可靠的流程。在开始应对这项挑战之前，了解使命和愿景至关重要，这也是本书具有的重要性和相关性的基础。在本书中，我们将了解 SOC 是什么、如何运作、它的重要性，以及如何进入这个领域。在当今的数字环境中，威胁无处不在，SOC 作为防御的堡垒，负责监控、调查、分类和消除不良安全事件。

泰勒和贾勒特具备深入了解组织安全构成部分的知识、经验和热情，明白安全在组织中所发挥的关键作用。无论是内部运营还是外包给托管安全服务提供商(Managed Security Service Provider，MSSP)，SOC 都肩负着保护数字资产免受不断演变的网络威胁的关键任务。

在本书中，作者揭示了 SOC 运作的复杂性，探讨了其责任范围如何因人员配置模型而有所不同。即使你对网络安全完全陌生，作者也提供了所有基础知识。如果你发现自己在说："我见过这个知识"，请务必在章节末尾做测验，以区分"你见过它"和"是的，你知道它"之间的区别。从内部 SOC 凭借其高级权限，在事件发生时能够快速采取补救措施，到 MSSP 对多个企业网络进行的不间断监管，每种 SOC 方法都有其独特的优势和挑战。

他们全面讨论了基于云的 SOC，以及它在应对云计算固有安全风险方面所扮演的重要角色。识别这些风险对于制定有效的缓解策略以保护云中的数据至关重要。尽管云计算有明显的优点，如可扩展性和灵活性，但在没有充分了解相关安全风险的情况下，盲目采用云服务是不明智的。

基于云的 SOC 利用先进的技术和监控能力，实时检测和响应安全威胁，从而确保对敏感数据和关键资产的保护。通过将安全运营集中在云端，组织可以增强可见性、简化事件响应流程，并保持对法规要求的遵从性。此外，基于云的 SOC 还支持主动威胁狩猎和持续监控，使组织能够在不断演变的网络威胁面前保持领先，以有效降低风险。

在阅读有关技术的文章时，你不可能没听过 AI，但基于云的解决方案是数字助理最先和最快发展的领域。如果你尚未采用云解决方案，那么本书的作者显然在利用通用的 LLM 工具来提升本地 SOC 能力方面拥有丰富的经验，并且他们还提供了一些技巧和实例。

本书最有价值的内容之一是关于分析的章节：你该如何教会人们解决他们从未见过的问题？你必须制定一个流程或一种方法，并引导他们逐步掌握，这一过程将会在本书中逐步展开。这一模型是作者在无数小时的压力下进行分析的结果。

读完这本书后，我清楚地感受到，作者希望你获得成功。本书内容详尽且条理清晰。我希望你能享受这段旅程。

祝你好运。

前　言

欢迎来到《零基础快速入行 SOC 分析师》的精彩世界！你之所以选择阅读本书，是因为你想参与其中！想要迎接挑战，获取财富！我们会告诉你这个职业的美好前景与无限价值，但首先，我们会谈谈信息安全。如果你进入网络安全行业却没融入这个圈子，那你会错过很多机会。有各种各样的信息安全微社区和针对特定人群的社区，但相对而言，大部分社区希望接纳所有人。有一些社区极为深奥，充满了秘密；有些社区面向首席信息安全官(Chief Information Security Officer，CISO)或工程师；还有军事社区、政府部门的社区，以及破坏者和创造者共存的社区……新进入安全领域的人都有一个共同的渴望，那就是归属感——而信息安全领域恰恰具备这一点！有时，与普通世界的人相处真的很困难，尤其是在你刚起步，独自敲打键盘时(译者注：作者在此想表达的是，在刚入行并独自工作时，可能会感到孤独和难以与外界交流，而信息安全社区可以提供支持和归属感，帮助人们克服这种孤立感)。我们向你保证，还有很多人愿意和你并肩作战。这种情况在会议上经常发生！社区里有很多了不起的人，一开始他们并不总是能够融洽相处，但过了 3～6 个月，一切就像从未发生过一样。本书的目标是让你坐上你梦想的 SOC 分析师宝座，让你意识到，无论你是谁，网络安全都适合你。

本书将涵盖作为 SOC 分析师所需了解的重要内容。网络安全领域有很多空缺岗位，但同样也有很多候选人想要得到这些职位。挑战在于，适合填补这些职位的候选人并不多。我们会向你解释什么是合适的候选人，并提供相关知识来帮助你准备面试。我们不能保证通过阅读本书的内容可以让你从技术领域的初学者变成顶尖高手。作为作者，我希望你能信任我，我会告诉你如何利用这本书获得成功，但你需要具备一定的技术基础。理想情况下，当你拿起这本书时，你应该已经学习了一段时间的 IT 技能。本书作者泰勒·沃尔和贾勒特·罗德里克，以及撰稿人马修·彼得森和杰森·图尼斯共同努力，旨在使读者能够在所关注的领域中获得显著的专业优势。在本书的结尾，讲述了六个曾经从事过 SOC 分析师职业的人的故事。

通往网络安全成功的道路漫长且时常不易。这条路对于某些人来说也不是一帆风顺，而是蜿蜒曲折、时宽时窄，四处延伸。对很多人来说，成功的定义各不相同。对某些人来说，这可能意味着掌握 CISO 的权力并承担相应的责任，但如果你认真思考这条道路，可能会发现它并不适合你。有些技术专业人员的收入超过 CISO，而且工作更加稳定，每当出现问题时，他们并不会面临被责怪的风险。这并不是说担任 CISO 和领导安全团队没有回报；我只是用这个例子来说明，不同的技术人员根据个人追求的不同，其职业路径和最终目标也是不同的。但迈向有意义职业的第一步始终相同：进入这个行业。在从事网络安全职业的所有步骤中，这是最重要的一步。担任 SOC 分析师的第一年可以为你的网络安全职业生涯奠定基础，这一年可能会令人难以承受，就像从消防水带中喝水一样，虽然能满足需求，但过程极为不适。书中的内容将帮助你开启 SOC 分析师的职业生涯，并使你能够在入职的第一天就能顺利上手。

另外，本书提供了一项免费认证，只需通过书中所涵盖主题的考试即可获得。有关该认证的信息和获取途径可通过扫描本书封底的二维码获得。

请准备好迎接有意义的网络安全职业生涯挑战吧……在第一天上班时，记得挑一把好椅子。

目　　录

第 1 章

对网络安全和SOC分析师的需求

在本章中，我们将分三个不同层次来讨论对网络安全专业人员的需求。首先讨论对网络安全工作人员的需求，然后分析对网络安全分析师的需求，最后探讨对安全运营中心(Security Operation Center，SOC)分析师的需求。

1.1 危机期间的网络安全

2020 年初，全球开始遭受新冠疫情的侵袭。全球各地纷纷封锁，人们被要求居家隔离。许多工作岗位被裁撤或员工被暂时休假，直到隔离措施解除，但许多雇主能够成功过渡到“远程办公”模式。因此，互联网服务提供商的流量出现了持续上升的趋势，视频会议的需求也达到了新的高峰。美国国土安全部将网络安全人员指定为维持基础设施持续运转的必要劳动力，对网络安全人员的需求量比以往任何时候都更为迫切。在此期间，仅在美国就已缺少近 50 万个网络安全岗位，而该行业需要增长 62%的职位才能满足需求。[1]

1 http://www.isc2.org/Research/Workforce-Study.

目前网络安全人员短缺，再加上新冠疫情、网络战争或其他紧急情况等危机，对网络安全人员的需求便进一步增加。网络工作人员短缺的情况愈发严重，网络安全人员的资源也更加匮乏。除了工作时间更长、工作更努力，没有其他解决办法。随着工作压力和工作时间的增加，网络安全工作人员的身心健康都受到了影响。目前没有快速的解决方案或培训新网络安全工作人员的方法，因此产生的结果是劳动力负担过重。

在新冠疫情期间，全世界都在努力保持居家办公的高效性。尽管美国政府一度关闭了除“必要”企业以外的所有企业，但网络安全是其中一种被认为必不可少的职业，并且对技术人员的需求一夜之间激增。[1]

行业从疫情中学到了什么？新冠疫情证明了大量的劳动力在远程工作时可以保持高效。多年来，美国公司一直在努力变得更加环保。无论是为仓库提供可持续能源、实施回收项目，还是为送货车辆使用替代燃料，数千家公司都在全球范围内接受使用可持续资源。现在，居家办公成为可行的选择，公司便利用这一机会减少温室气体排放、提升员工幸福感……当然，还能降低运营成本。从那时起，远程工作便成为一些 SOC 分析师生活的一部分。

这并不意味着所有公司都接受了远程工作带来的好处。根据 JLL 在 2023 年底进行的一项研究[2]，财富 100 强公司的员工平均每周在办公室工作 2.96 天。这是一种混合工作模式，许多公司在新冠疫情后将其作为新的常态。

1.2 对网络安全分析师的需求

如今，我们正身处一场全球网络战争之中。每个国家的每个行

1 https://workingnation.com/covid-19-cybersecurity-and-it-workers-are-essential-in-demand-employees/.

2 http://www.us.jll.com/en/trends-and-insights/research/office-market-statistics-tren.

业都成为网络犯罪分子、政府支持的黑客和从事商业间谍活动的公司的攻击目标。这听起来像是一部由你最喜欢的 20 世纪 90 年代动作明星主演的低成本电影的情节，但事实是每个人都是攻击目标。更令人不安的是，这一切并非始于新冠疫情，这种情况已经持续了几十年。直到最近十年，组织机构才意识到需要加大对网络安全的投资。

备受瞩目的入侵事件给全球各行各业都带来了惨痛教训。2014 年 11 月，索尼影视娱乐公司宣布他们遭遇数据泄露。路透社分析师估计，此次入侵将使索尼公司损失超过 7500 万美元的恢复成本和收入。2019 年 8 月，Capital One 入侵事件导致 1 亿份消费者信贷申请被盗。这两起攻击事件让人们意识到，组建专门的网络安全队伍势在必行。

事实上，根据美国劳工统计局的数据，预计从 2022 年到 2023 年，美国的信息安全分析师职位将增长 32%，而其他计算机相关职位的增长率为 12%，所有职位的总增长率为 0.3%。[1] 对于那些考虑进入网络安全领域的人来说，一个显著的好处是进入该职业领域的门槛相对较低。

几十年来，人们一直秉持着“考上大学，获得四年制学位，找到一份工作”的观念。本书将用一章(第 10 章)来介绍进入网络安全分析师领域的不同途径。但就目前而言，上大学并不是通往美好职业领域的唯一途径，一些高级学位课程对于入门级职位来说完全是在浪费时间和金钱。

当组织机构意识到网络安全的必要性时，通常从构建安全运营中心(Security Operations Center，SOC)开始入手。SOC 负责对网络安全事件进行分类、调查和响应。这个概念并不新鲜。几十年来，军事和执法机构一直在使用战术行动中心(Tactical Operation Center，TOC)来协调冲突期间的行动。与战术行动中心一样，SOC 也是网络安全事件第一响应者的指挥和控制中心。

1 http://www.bls.gov/ooh/computer-and-information-technology/information-security-analysts.htm.

定义 根据 SANS 研究院的定义，网络安全事件是指信息系统或网络中发生的不良网络事件，或此类事件产生的威胁。[1]

SOC 并不是唯一专门应对网络安全事件的团队。许多公司都有专门的数字取证和事件响应团队来支持 SOC 进行调查和响应。

通常，数字取证和事件响应团队负责从 SOC 接手长期调查工作，这样 SOC 可以专注于日常运营和新事件。实际上，大多数数字取证和事件响应分析师都是从 SOC 分析师开始他们的职业生涯的。

1.3 对 SOC 分析师的需求

现在我们已经了解了对网络安全分析师的一般需求，下面我们将讨论你选择阅读本书的原因。也许你正从军队转型到民用部门，或者是一位希望踏入职场的应届大学毕业生。也可能你已经在信息技术领域工作，或者只是自学成才。无论如何，这本书的目的是帮助你成为一名 SOC 分析师。无论你是希望加入网络安全领域的众多专业之一，还是希望逐步晋升到管理层，SOC 分析师职业都是进入网络安全领域门槛最低的职业。成为一名 SOC 分析师是进入这个行业的绝佳战略职位。

在为 SOC 配备人员时，招聘经理会不断面临一些挑战。其中最普遍的挑战是 SOC 的人才流动性。在 SOC 经理为空缺职位招聘到新人员后，他们需要花费几个月的时间来培训新分析师。培训完成后，留住新分析师就成了一个问题，因为新分析师经常被猎头争相招揽，用更高的薪水诱惑他们。安全分析师在一家公司的平均任期仅为 1～3 年。[2] 如今，公司提供的薪酬方案非常丰厚，通常与在公司工作的时间挂钩。一种常见的做法是在 3～4 年内分批提供股票期

---

1 http://www.sans.org/security-resources/glossary-of-terms.

2 http://www.indeed.com/salaries/security-analyst-Salaries.

权来确保员工留在公司(见图 1-1)。

图 1-1　SOC 分析师的常规留任计划

一旦 SOC 分析师熟练掌握工作流程并感到不再有挑战性，他们可能就该寻求更高职位了。向上发展的最常见路径之一是成为高级 SOC 分析师。“高级”这一头衔伴随着更高的薪水和更多的责任，例如，指导加入 SOC 的初级分析师。高级 SOC 分析师还处理更复杂的工作，因为初级分析师会将具有挑战性的任务上报给他们解决。担任这个职位使分析师能够变得更加专业，并有机会学习如何培训和指导他人。这个角色是成为 SOC 经理的绝佳途径，为他们在 SOC 中的下一个领导角色做准备。在美国几乎所有地方，高级 SOC 分析师的年薪都超过六位数。

作为一名新的 SOC 分析师，要为自己设定更高的目标以达到这一里程碑。然而，这也意味着招聘经理可能需要再次为你造成的这个职位空缺寻找合适的人选！

SOC 经理还面临的另一个问题是员工倦怠或告警疲劳。例如，分析师可能在处理大量告警时，忽视了某些重要信息，导致其在“噪音”中迷失。SOC 分析师通常轮班工作，工作时间为 8 小时、10 小时或 12 小时，有时还包括晚上和夜间班次。随着时间的推移，任务可能会显得单调乏味。当工作变得习以为常时，很容易变得自满，工作也可能变得枯燥。SOC 中的大多数人都很聪明，需要不断接受挑战。

SOC 经理面临的第三个挑战是全天候的运营，这意味着他们需要在正常工作时间之外以及节假日进行工作。许多国际化公司采用“全天候”(follow the sun)的 SOC 模式，即在不同地理位置建立三个 SOC，以实现 24 小时覆盖。通常，公司会在美国设立一个 SOC，在新加坡或澳大利亚设立第二个，在印度或欧洲设立第三个。然而，在某些情况下，公司需要用到具有特定国籍的分析师来处理他们的数据。为托管安全服务提供商(Managed Security Service Provider，MSSP)配备人员时尤其如此。

招聘早班和夜班员工并不容易，而且这些岗位上的员工通常不会待太久，就希望回归正常的工作时间。泰勒的第一份安全工作是在一家托管安全服务提供商(Managed Security Service Provider，MSSP)的 SOC 担任第二班(夜班)分析师。这份工作在当时对他来说非常合适。他有一份基本工资，并因为是第二班而获得少量的班次补贴。他刚刚大学毕业，真的需要在中午之前就起床吗？他将自己的职业发展归功于当时做出的这一牺牲，因为这给他提供了宝贵的经验，至今仍然对他有帮助。经过一年时间的工作，他决定利用自己的经验寻找新的机会。这是一个艰难的决定，因为那是一家很棒的公司，但他等不及一个白班的职位空缺出来。夜班的工作开始对他的身体产生影响。这并不是任何人的错，但这是 SOC 人才流动频繁问题面临的另一个挑战。

SOC 不会很快消失。随着每一项新的隐私法的发布和企业必须遵守的合规与监管要求的增加，对 SOC 的需求也在增长。SOC 在企业中是一个昂贵的成本中心。除非 SOC 是你产品的一部分并带来收入，否则它会给公司增加成本。所需招聘的 SOC 分析师越多，企业就越会寻找创造性的方法来减少在 SOC 上的支出。这一需求催生了一系列工具，这些工具有望自动化 SOC 分析师的部分日常工作。

提示　安全编排自动化和响应(Security Orchestration Automation and Response，SOAR)工具有望减少 SOC 分析师完成任务所花费的时间。第 7 章将对此进行详细说明。

1.4　本书内容

截至 2023 年 10 月，全球大约有 550 万名网络安全专业人员，但这一数字必须增长近一倍才能满足日益增长的需求。[1]这对你意味着什么？这意味着拥有适当技能和资格的个人应该会相对容易找到工作。如果我们研究一下公司当今面临的招聘挑战，就会发现技术精湛的网络安全专业人员仍然供不应求，更不用说找到具有商业头脑的候选人。网络安全专业人员的需求源于互联网已成为一个全球战场。互联网上的每个人都在不断受到攻击，每几秒钟就可能遭遇一次。网络安全专业人员保护企业免受成功入侵，并在攻击者突破防线时做出有效应对。这个领域为专业人士提供了巨大的机会。由于需求如此之高，具备本书所述技能的合格人员更有可能被聘用。

候选人不仅需要具备专业技能，还需要知道如何与业务的其他团队互动，以展示他们对业务目标、目的和文化的理解。认识到网络安全招聘经理面临的这些挑战，可以帮助你为面试做好准备或与上司讨论晋升事宜。这本书将为你提供所需的工具，以制定良好的策略，从而顺利过渡到网络安全的前线。

当你阅读本书时，我们将通过解释典型的安全组织如何自上而下构建，为你提供应对商业洞察力挑战所需用到的知识。理解网络安全的“全局视角”至关重要，因为如上所述，了解公司内部的工作方式对于你能否成为合格的 SOC 分析师至关重要。

---

1 www.statista.com/statistics/1172449/worldwide-cybersecurity-workforce/#:~: text=Number%20of%20cybersecurity%20professionals%20worldwide%202023%2C%20b y%20country&text=The%20number%20of%20professionals%20working,from%204.6%20million%20in%202022.

在基本层面上，同样受到资金支持的网络安全项目通常具有相似的结构，唯一的例外是当安全是业务的产品时。托管安全服务提供商(Managed Security Service Provider，MSSP)向客户出售安全解决方案，其中许多 SOC 角色是面向客户的。MSSP 往往有更强大的层级结构，有时会包括诸如 SOC 总监这样的职位。根据我们的经验，MSSP 的文化也有所不同，因为安全是 MSSP 营利的方式，所以 CEO 始终是“安全人员”。

另一方面，内部 SOC 往往对企业的安全架构和工程拥有更多控制权。SOC 分析师可以深入基础设施，了解网络的细节。与 MSSP 的客户是外部第三方公司和组织不同，内部 SOC 的客户是公司本身。这些 SOC 分析师在安全事件发生时被赋予更多干预权，以便解决问题。虽然这听起来是件好事，但一次错误的决策可能会对整个网络产生负面影响，并成为一个“简历生成事件”(resume-generating event)。(译者注：“简历生成事件”指的是一种严重的失误或事故，这种情况可能会对个人的职业生涯产生重大影响，甚至可能导致他们在未来找工作时不得不在简历上提及这一事件。通常，这种事件会被视为一个显著的失误，可能影响个人的声誉和职业发展。这里指的是分析师在日常工作中犯的一个错误导致他们被解雇。)

一旦你被聘用，你在安全运营中心的第一天可能是你经历过的最具挑战性的一天。你可能会因为各种术语、新的安全工具以及一些在正规教育中未曾涉及的技术而感到无所适从。而且，外行人会认为你是网络安全专家，他们会向你寻求建议。你可能需要长达一年的时间来适应这一切，直到你感到舒适并能够松一口气。记得对自己宽容一点，保持耐心。我们的目标是帮助你缩短不适应的时间。我们将通过让你熟悉日常可能使用的标准工具，帮助你解决招聘经理面临的技术能力挑战。

我们还将帮助你克服技术熟练度挑战，引导你像 SOC 分析师一样思考。学习分析性思维的方法有很多，对于某些人来说，这种分析性思维可能更自然。重要的是要知道，对于任何人而言，这种分析性思维并非遥不可及，我们指的是任何人。传授高难度的技术技能最好留给 SANS 的专业人士，但本书将填补你快速入行 SOC 分析师职业所需的空白。

对网络安全人员的需求非常巨大，但职位空缺是因为缺乏合适的求职者，而不是求职者的数量不足。很多人都想获得与业内从业者一样的薪水和生活方式。然而，招聘经理现在迫切需要帮助，他们会选择那些需要经过最少培训的候选人。他们需要聘用那些能够立即上手工作的人员！

通过阅读本书，我们将帮助你识别与你每日互动的 SOC 外部人员和业务部门的优先事项和目标，以便你能够有针对性地与他们进行沟通。我们还会向你展示如何在你的结论中使用能够保护你和公司利益的语言，尤其是在你刚担任这一角色时。

1.5　小结

对网络安全专业人才的需求正在迅速增长，远远超过行业培训候选人和填补职位的速度。招聘经理面临的挑战至少有两个方面：他们无法找到技术熟练的候选人，也找不到了解业务的候选人。这种技术与业务技能的结合至关重要，尤其是在你的网络安全职业生涯发展过程中，这种能力变得愈加重要。

仅在美国，网络安全分析师职位预计从 2022 年到 2023 年将增长 32%，而 IT 相关职位的增长率为 12%，所有职位的总增长率仅为 0.3%。当世界面临危机时，网络安全工作者至关重要。随着我们所做工作的需求急剧增加，这往往意味着现有员工必须加班加点，而招聘新员工可能需要花费数月时间。

SOC 分析师是进入网络安全领域的最低门槛，而本书将帮助你为获得第一份工作做好准备。SOC 的人员流动频繁，这意味着总有新的职位可以申请。在下一章中，我们将讨论应关注的职位名称、典型的招聘网站以及将求职申请转变为面试的策略。

第 1 章　测验

① 预计仅在美国，2022 年至 2023 年期间信息安全分析师职位的数量就会增长________。

Ⓐ 5%　　Ⓑ 32%

Ⓒ 12%　　Ⓓ 15%

② SOC 代表________。

Ⓐ 标准运营委员会　　Ⓑ 安全运营中心

Ⓒ 安全运营委员会　　Ⓓ 安全绿洲中心

③ SOC 负责网络安全事件的分类、调查和________。

Ⓐ 响应　　Ⓑ 报告

Ⓒ 经验教训　　Ⓓ 取证

④ 信息系统或网络中发生的不良网络事件称为网络安全________。

Ⓐ 事件　　Ⓑ 事项

Ⓒ 错误　　Ⓓ 伤亡

⑤ 以下都是 SOC 招聘经理面临的独特挑战，但________除外。

Ⓐ 合格的 SOC 申请人数多于空缺职位

Ⓑ 培训新的 SOC 分析师，然后他们流失到其他公司

Ⓒ 处理分析师倦怠问题

Ⓓ 配备全天候运营人员

⑥ 为了在内部为 SOC 配备合适的人员，组织通常会使用________方法。

Ⓐ 追逐月亮(Chase the moon)

Ⓑ 全天候(follow the sun)

Ⓒ 忽略时钟(ignore the clock)

Ⓓ 避开紫外线(avoid uV rays)

⑦ MSSP 代表________。

Ⓐ 管理超级安全提供商

Ⓑ 托管的安全盾牌生产商

Ⓒ 管理保障盾牌提供商

Ⓓ 托管的安全服务提供商

⑧ 以下关于 MSSP 的论述均正确，除了________。

Ⓐ 他们销售安全解决方案

Ⓑ 他们深入研究基础设施，了解网络的来龙去脉

Ⓒ 他们拥有更强大的人员层次结构

Ⓓ 他们解决了许多公司不愿面对的网络安全人员配备难题

⑨ 作者表示，可能需要________才能适应新的 SOC 分析师角色。

Ⓐ 60 天　　Ⓑ 三个月

Ⓒ 六个月　　Ⓓ 一年

⑩ ________思维在 SOC 分析师职业中最为重要，而且它是可以传授的。

Ⓐ 感性　　Ⓑ 创造性

Ⓒ 分析性　　Ⓓ 抽象性

⑪ 在网络安全领域的所有工作中，SOC 分析师面临的进入门槛是________。

Ⓐ 最高的　　Ⓑ 最低的

Ⓒ 最长的　　Ⓓ 最大的

第 1 章 测验答案

① 预计仅在美国，2022 年至 2023 年期间信息安全分析师职位的数量就会增长________。

Ⓑ 32%

根据美国劳工统计局的数据，预计 2022 年至 2023 年，美国信息安全分析师职位将增长 32%，而其他计算机相关职位的增长率为 12%，所有职位的总增长率为 0.3%。

② SOC 代表________。

Ⓑ 安全运营中心

SOC 代表安全运营中心。

③ SOC 负责网络安全事件的分类、调查和________。

Ⓐ 响应

首先进行检测，然后对告警进行分类、调查和响应。SOC 以检测和响应而闻名。

④ 信息系统或网络中发生的不良网络事件称为网络安全________。

Ⓐ 事件

信息系统或网络中发生的不良网络事件称为网络安全事件。

⑤ 以下都是 SOC 招聘经理面临的独特挑战，但________除外。

Ⓐ 合格的 SOC 申请人数多于空缺职位。

对于大多数 SOC 来说，拥有比空缺职位更多的合格 SOC 申请人通常不是什么挑战。

⑥ 为了在内部为 SOC 配备合适的人员，组织通常会使用________方法。

Ⓑ 全天候(follow the sun)。

大多数 SOC 采用“全天候”人员配置方式，提供 24/7/365 全天候服务。

⑦ MSSP 代表________。

Ⓓ 托管的安全服务提供商

首字母缩略词 MSSP 是托管安全服务提供商。

⑧ 以下关于 MSSP 的论述均正确，除了________。

Ⓑ 他们深入基础设施，了解网络的来龙去脉。

通常，MSSP 对其客户网络的熟悉程度不如在公司工作多年的内部员工。

⑨ 作者表示，可能需要________才能适应新的 SOC 分析师角色。

Ⓓ 一年

如果你是网络安全新手，这可能是一次难以承受的经历，并且可能需要整整一年的时间才能适应工作惯例。

⑩ ________思维在 SOC 分析师职业中最为重要，而且它是可以传授的。

Ⓒ 分析性

虽然其他思维有助于你取得成功，但分析性思维至关重要。

⑪ 在网络安全领域的所有工作中，SOC 分析师面临的进入门槛是________。

Ⓑ 最低的

由于招聘经理面临许多挑战，因此 SOC 职位通常是最容易获得的。

第 2 章

网络安全专业领域

在本章中，我们将讨论构成一家成功公司所需的众多学科领域、其职责范围，以及它们所扮演的角色如何与安全运营中心(Security Operation Center，SOC)产生联系。我们还将介绍 SOC 在其日常工作中可能会与之互动的外部组织。

作为 SOC 分析师，你将与组织内的许多团队接触。包括 CEO 在内的每个人都可能参与安全调查。然而，SOC 在其他团队(包括外部组织)的职能中也发挥着重要作用。本章将团队分为三个部分：信息安全团队、内部团队和外部团队。那么，让我们开始学习吧。

2.1 信息安全

如今，大多数大型组织的信息安全团队通常由三组人员构成：分析师、工程师和架构师。公司企业网络的规模通常是决定该团队是内部配备还是外包给第三方组织的主要因素。一些中型组织可能会将这三组人员中的两组人员的职责合并以节省成本。无论谁担任这些职位，每组人员的职责范围都是不同的。职位名称因公司而异，因此，我们将每个职能部门按其工作性质进行分类，包括分析、工程和架构。

2.2 分析师

我们先从最基础的内容开始谈起。安全运营中心就是你作为 SOC 分析师工作的地方。我希望到现在为止你已经知道“SOC”是“安全运营中心”(Security Operation Center)的缩写。好了，现在我们来简单谈谈安全运营的职责范围。安全运营中心汇聚了各类分析师，包括威胁情报分析师、威胁狩猎分析师、数字取证分析师和事件响应分析师。有时会有更多或更少的子组，某些公司还会给分析师一个工程师或专家的头衔。但这些头衔都只是称谓而已，因此我们要将重点放在要做的工作类型上。各个子组协同工作，以确保日常运营顺利进行。

SOC 负责监控、调查和补救安全事件。其职责范围取决于 SOC 的人员组成。如前所述，SOC 既可以作为公司内部的一个部门存在，也可以外包给托管安全服务提供商(Managed Security Service Provider，MSSP)。内部 SOC 通常在事件发生时拥有更高的权限来采取补救措施，而 MSSP 通常必须向客户的 IT 团队报告事件。内部 SOC 相较于 MSSP 的一个主要优势是能够深入了解单个网络的细节。MSSP 服务拥有众多客户，必须同时监控多个企业网络，这使得 SOC 分析师处于不利地位，因为他们无法真正掌握客户企业的具体细节。而这也是大多数人进入网络安全领域的起点。

威胁情报(Threat Intelligence，TI)团队通常规模较小，专注于研究新的威胁报告，确定新威胁是否对公司构成危险，并向管理层和其他信息安全团队提供相关详细信息。在某些情况下，TI 团队负责管理威胁情报平台，该平台作为从多个情报来源收集入侵指标和情报报告的单一入口。

一些典型的情报来源包括威胁信息推送服务(如 AlienVault 或 Talos Intelligence)和开放源情报(Open Source Intelligence，OSINT)。最好的威胁信息推送服务需要订阅，而且价格昂贵。但是，它们拥有专门的安全研究人员与情报收集专家，能够生成高质量的报告。如果你有一个专门筛选所有情报的团队，OSINT 可以提供出色的情报。在 Google 上快速搜索“Open Source Intel Feeds”，你将得到许多关于最佳 OSINT 推送服务的前十名列表。

威胁情报分析师需要具备全面的网络安全基础知识、良好的书面和口头沟通能力、精湛的演讲技巧、丰富的网络安全威胁技术知识，并且热爱阅读大量信息并与分享信息的人建立关系。威胁情报分析师使运营团队能够高效地进行检测和防护。这不是一个初级职位，尽管应聘者可以没有在 SOC 工作的经验。对于退伍军人转行而言，这可能是一个很棒的职位，可以立即尝试。

数字取证和事件响应(Digital Forensics and Incident Response, DFIR)团队负责对长期和持续的事件进行调查。有时，这个团队会在具有更明确定义职责的公司中分为两个独立的团队，有时则作为一个团队，称为 DFIR 团队。在这两种情况下，它们都是 SOC 的常见上报点(转交点)。SOC 进行初步调查，如果事件在经过所有层级后仍未解决，则将该事件上报/转交给数字取证和事件响应团队，这些团队通常需要协作来解决问题。因此，DFIR 团队通常被合并为一个团队(见图 2-1)。

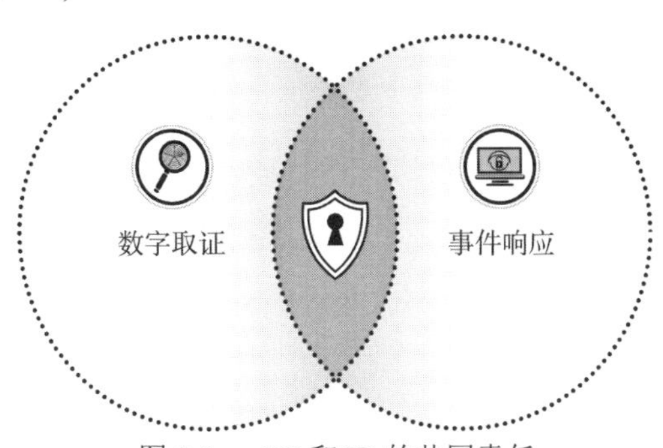

图 2-1　DF 和 IR 的共同责任

与法律、隐私、欺诈或外部执法机构的任何接触都会通过数字取证与事件响应团队进行筛选，从而使他们在这些事务上成为专家。此外，在大多数组织中，数字取证与事件响应团队与威胁情报团队密切合作，进行威胁狩猎。这些职位不是初级职位，通常由最初在 SOC 工作过的人员担任。

威胁狩猎团队是一个高级安全职能部门，结合了主动方法、创新技术、高技能人员和深入的威胁情报，以发现和阻止由隐秘攻击者执行的恶意且通常难以检测的活动，这些活动可能会被自动防御系统遗漏。威胁狩猎分析师主动搜索环境中的恶意活动痕迹。这需要对常见的 SIEM 工具及其查询语言有所了解，以及熟悉环境中所用的其他工具(例如，终端工具、漏洞扫描器和云安全代理等)。威胁狩猎人员需要了解当前产生安全事件的所有内容，还需要对攻防安全和攻击发生的方式具有专业知识。职位名称中即使带有“分析师”，也并不意味着这是一个初级职位。这需要丰富的专业知识，但随着工具自动执行威胁狩猎和/或为威胁狩猎查询提供建议，这个职位正变得对小公司更加可及。这个职位通常由最初在 SOC 工作过的人员担任。

红队是公司内部的渗透测试分析师。并不是所有企业都有红队，因为将这个职能外包可能更具成本效益，但他们在任何公司中都扮演着关键角色。如何测试以确保安全控制措施有效？很简单，自己以黑客的方式攻击自己。白帽黑客是具备攻破企业网络所需技能的分析师。接下来我们简要谈谈当今企业使用的几种渗透测试类型。

> **黑盒测试**：渗透测试人员对目标环境没有任何事先了解。这模拟了对公司了解有限的攻击者。通常，这种类型的测试会委托给第三方渗透测试公司，因为红队在这方面的经验较为丰富。
>
> **白盒测试**：测试人员对目标环境有全面的了解。这种类型的测试通常针对企业的一小部分系统，可能是软件公司的代码管道或源代码库。红队在这种渗透测试中表现得尤为出色。
>
> **灰盒测试**：结合了黑盒测试和白盒测试，测试人员对目标环境有部分了解。这模拟了恶意内部人员或成功渗透

到公司网络并建立立足点的外部攻击者。

紫队测试：这种测试用于评估 SOC 和 DFIR 团队(蓝队)的有效性。这是一项计划好的演练，红队会故意触发安全告警，迫使蓝队做出响应。此测试的结果将用于推动安全计划的改进。蓝队 + 红队 = 紫队！网络安全专业人士确实钟爱这些“颜色”。

这个列表并不全面，还有许多其他类型的渗透测试可以进行。但一般来说，这四种测试涵盖了绝大多数的渗透测试。渗透测试人员是安全专业人士中的特殊类型，他们花费大量时间磨炼技能，不断测试新的黑客工具和技术。红队通常由最初在 SOC 工作过的人员组成，但也能吸引一些具有特殊才能和技能的孤狼型人才加入。

2.3　工程师

安全工程团队负责部署、管理和维护企业的安全工具和设备。许多较小的公司会将这个职能与 SOC 分析师结合在一起。他们能够这样做是因为网络的规模较小；然而，更大规模的公司通常会有专门的安全工程团队。无论这个角色是由专门人员担任还是由 SOC 处理，安全工程师都肩负着更新和调整安全工具的责任。

许多组织会为将专门的技术领域分配给工程师。通常包括如下几类工程师。

应用安全工程师：负责识别和解决企业开发或使用的应用程序中的安全弱点。他们实施控制措施，包括应用认证、加密和授权设置、测试软件、设置防火墙、扫描/测试应用程序。

网络安全工程师：负责维护企业组织网络的安全。他们监控网络以发现安全漏洞，识别脆弱性，并制定解决方案和保护措施，以防止网络遭受攻击。

云安全工程师：负责保护企业免受云环境中的攻击。工程师负责配置网络安全、构建应用程序、识别和解决漏洞，以及维护安全的云基础设施。

SIEM 工程师：负责与各方利益相关者合作，了解业务需求，并制定更有效和高效的数据利用策略。与 SOC 团队密切合作，协助实施和管理 SIEM(第 5 章)和 SOAR(第 7 章)技术，同时关注利用机器学习/人工智能技术来增强威胁检测和分析能力。

检测工程师：负责设计、构建并优化系统和流程，以检测恶意活动或未授权行为。他们还维护监控组合，并跟踪安全工具中的覆盖差距。他们定义变更管理流程，以确保告警不被修改或删除，并通常通过将威胁检测开发迁移到代码管道(如 GitHub 或 GitLab)来开发“检测即代码”。

漏洞管理工程师：负责扫描环境中的已知漏洞，对漏洞进行优先级排序，并协助管理这些设备的补丁工作。

以上列表中并不包含所有类型的工程师，重要的是，我们要理解技能跨级的需求以及团队要达到的规模。如果仅由一人负责网络安全，那么一旦该员工辞职，组织就会陷入困境。最佳实践是每个技术组至少有两名工程师，这样可以实现制衡，从而降低单点故障的风险。

安全工程团队的首要客户是 SOC。由于这两个团队紧密合作，因此安全工程是 SOC 分析师向架构师晋升的自然发展路径。

这个角色需要深入了解如何管理系统和技术。如果你对工程感兴趣，可以在家利用空闲时间参与一些项目，学习新的技术，例如，虚拟化或容器技术。适应这份工作的最佳方式就是实践，所以请大胆尝试，失败时可以删除一切，重新开始。

关于漏洞管理工程师，他们还与其他部门密切合作，以帮助确定漏洞的优先级。确定漏洞的优先级并不像你想的那么简单。当发现漏洞时，会根据多种因素分配其严重性，例如，设备是处于开发还是生产环境、是否面向公众，以及是否能够修复，因为它可能是依赖旧软件版本的遗留系统。这不仅仅是阅读报告并采取行动。这些工程师通常要与进行补丁工作的 IT 团队密切合作，常常要试图说服他们进行非周期性的补丁更新或提高某些漏洞的修复优先级。漏洞管理需要具备特定的知识，了解企业环境的运作，特别是自己公司的运作方式，还需要具有良好的人际沟通能力和无授权管理的能力。无论你属于哪个技术组，都应该在整个职业生涯中不断练习这两项技能。

工程师通常最好先在 SOC 工作，但也可以来自其他 IT 领域，例如，软件开发或 IT/云工程。

2.4　架构师

网络安全架构团队在大型组织中比较独特，专注于执行最佳安全实践和合规控制，同时在企业中实施新技术。举个例子：如果你的公司想将本地数据库迁移到云解决方案，如 Amazon AWS 或 Microsoft Azure，那么安全架构团队的职责就是与数据库和云管理员合作，确保迁移到云中的系统和数据尽可能安全。该团队通常由具有多年网络安全经验的高级安全专家组成。一些组织会将这项工作外包给第三方安全咨询公司，因为每个项目所需的工作范围有限。

大型公司的网络安全架构团队通常由一个小型团队组成，成员对整个网络安全领域都有广泛了解，且各自精通不同的专业领域，如软件安全、网络安全、基础设施安全和云安全等。在小型公司中，可能只有一到两位网络安全架构师，他们通常具有广泛的网络安全背景，并精通所在公司的特定 IT 实践。网络安全架构师的一个目标可能是制定项目的安全和日志计划，以确保安全性和成本节约之间能够得到合理平衡。

安全架构是 SOC 分析师职业发展的众多路径之一，但通常是在他们作为工程师有所进阶之后。在考虑转向安全架构之前，至少需要具有 7～10 年的网络安全经验。这是一份压力很大的工作，因此，即使你能够胜任，也不意味着这就是你应该从事的工作。泰勒曾在一家财富 50 强公司担任网络安全架构师，但仅四个月就辞职了，因为他认为公司支付的薪水不足以让他承担这份工作带来的压力。他在这四个月里几乎没有睡过好觉，总是担心如果有一个小计算错误，将会带来什么样的后果。对他来说，这份工作并不合适，或许等他年纪更大、更有智慧时情况会有所改变。架构师通常首先是工程师(见图 2-2)。

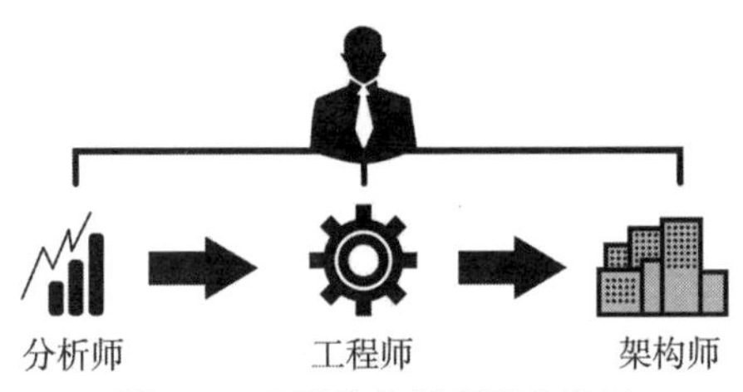

图 2-2　典型的分析师职业发展

总而言之，大多数组织都没有这三种信息安全团队：安全运营团队、安全架构团队和安全工程团队。无论这些团队是外包的还是属于 SOC，这些角色在每家公司都存在。每个团队都是一个拼图碎片，将其组合在一起才能构成一个全面的网络安全计划。没有哪个团队比其他团队更重要，希望你在职业生涯中始终记住这一点。

你可能会在某一天离开 SOC，选择一个专业领域深入发展。那时你会赚更多的钱，有更多的自由。例如，可以安排自己的工作时间，也不必做轮班工作。你需要的指导会更少，随着资历的增加，你会变得更加独立，甚至可能在某天会觉得SOC 的工作相对初级。这是许多人职业生涯中典型的发展路径，但请记住，这并不是领导力的体现。没有哪个团队比其他团队更重要……领导就是服务。

在这个基础上，我们继续下一部分的学习。

2.5　内部团队

作为 SOC 分析师，你会不断积累经验，你将有机会与 SOC 之外的团队互动。这些机会是脱颖而出并给领导留下良好印象的绝佳方式。无论任务是什么，你都应该以高度的专业精神和自信来面对每一次与外部团队的接触。当你全力以赴完成任务时，你所取得的成就自然会传达到你的主管那里。当然，反之亦然。你最不希望出现的事情就是让你的主管得知你未能对某项任务做出贡献。在审查薪酬调整时，他们往往会记得这些情况。

首先，让我们谈谈管理层。严格来说，并非所有管理层的工作都在 SOC 之外。SOC 一般会设一名经理，通常经理上面还有总监。但管理层负责业务决策，因此本主题将涵盖管理层的标准职位和职责范围。重要的是要了解每个组织在管理团队的人员配置上都是不同的。我们将从 SOC 的经理开始，逐步向上讨论，直至高管层。

SOC 经理是所有 SOC 分析师的直接和一线主管。你与他们的互动始于面试过程，因为他们还负责招聘分析师。SOC 经理的职责范围很广：从指导初级分析师到推动 SOC 与其他团队之间的协作。事实上，SOC 经理的职责非常多，以至于可以专门用一整章来讨论这个主题。我们将首先讨论他们对新入职的 SOC 分析师的责任。

SOC 经理负责其下属分析师的所有薪酬相关事宜，包括你首次申请该职位时的通知书、奖金发放和晋升。然而，晋升离不开指导，这也是他们职责的重要组成部分。每个公司对指导的要求不同，但你可以期待与经理坐下来讨论个人和业务目标。在决定奖金和晋升时，会考虑实现这些目标的进展。休假申请、工作时间表和 SOC 职责分配都是由 SOC 经理决定的。

SOC 经理还负责生成有关 SOC 发现的安全事件数量和类型的报告，并向上层管理人员汇报。这些报告向高管层通报针对公司的网络攻击的最新趋势。SOC 经理是管理团队的第一级，也是信息安全领域最难的工作之一。

SOC 总监是管理链中的下一个职位。这个职位的名称在几乎每个公司都有所不同，例如，“安全运营总监”或“IT 安全总监”。无论称谓如何，这个职位通常是 SOC 经理的上级。SOC 总监负责公司的网络安全战略决策，包括预算申请、SOC 人员配置批准以及向高层领导汇报指标。他们还与其他总监协调，计划和协调联合项目。我们稍后会进一步讨论他们。

管理梯队的下一级是首席信息安全官，简称 CISO。根据公司的不同，CISO 的职责范围差异很大。因此，我们不会花太多时间讨论 CISO。从 SOC 分析师的角度来看，你只需要了解 CISO 负责信息安全的高层决策。他们很可能是你见到的第一个高管，并且根据公司的不同，CISO 可能直接向 CEO 汇报工作。

关于管理团队的介绍就到此为止，接下来我们谈谈作为 SOC 分析师，你将与之合作的一些常见团队。我们讨论的每个团队都将具有与 SOC 类似的管理结构。我会跳过团队成员的细节，专注于团队本身的职责范围。

风险管理团队负责衡量、报告和减轻公司的风险水平。在网络安全方面，他们会评估被攻破的可能性，确定如果发生攻击对业务产生的影响，并向管理层生成风险报告。这些数据使管理层能够做出明智的决定，是选择承担风险还是减轻风险。如果这一切听起来很熟悉，那么说明你可能在某种程度上了解过风险矩阵。

“但是 SOC 如何协助风险管理团队？”我很高兴你问这个问题。风险管理团队并不是网络安全专家。他们对攻击和安全漏洞的理解仅限于他们在新闻中看到的内容。这时，SOC 会进行沟通，以定义安全漏洞的影响。SOC 沟通的一个例子是描述某个关键系统如何容易受到特定类型的攻击。也许你会被问及，哪种安全控制措施最能在攻击发生之前阻止该攻击。无论风险管理团队提出什么要求，目标都是为他们提供最坏情况的预测。为了衡量风险，风险管理团队需要了解对公司来说最危险的结果是什么，以及这种情况可能发生的频率。

治理与合规团队确保“董事会成员和高级管理人员用来控制和指导组织的整体管理方法”[1]得到传播和遵守。他们还确保公司满足

1 https://insights.diligent.com/entity-governance/the-correlation-between-corporate-governance-and-compliance.

或超过与某些行业相关的合规标准。例如，支付卡行业数据安全标准(Payment Card Industry Data Security Standard，PCI DSS)就强化了对支付和卡系统的控制。合规的目的是确保以统一的方式遵循适当的网络安全实践。全球有多个合规标准，每个标准都有一套不同的控制措施，尽管有些方面存在重叠。表 2-1 列出了常见且广为人知的合规标准。

表 2-1 常见的合规标准

合规标准	网址
支付卡行业数据安全标准(PCI DSS)	http://www.pcisecuritystandards.org/
国际标准化组织(ISO 27001)	http://www.iso.org/
网络安全成熟度模型认证(Cybersecurity Maturity Model Certification，CMMC)	http://www.acq.osd.mil/cmmc/
1996年健康保险可携带性与责任法案(Health Insurance Portability and Accountability Act，HIPAA)安全规则	http://www.hhs.gov/hipaa/for-professionals/security/
信息安全注册评估师计划(Information Security Registered Assessor Program，IRAP)	http://www.cyber.gov.au/irap/
系统和组织控制(System and Organization Control，SOC)	http://www.aicpa.org/interestareas/frc/

SOC 与治理和合规团队最常见的互动发生在审计过程中。SOC 在为审计团队提供合规性证据方面发挥着至关重要的作用。一些常见的证据请求可能包括收集的日志、流程文档和安全事件演示。我们将在本章后面详细介绍审计团队。

定义 审计是对资产进行信息收集和分析，以确保遵循政策合规性和防范安全漏洞等事项。[1]

1 http://www.sans.org/security-resources/glossary-of-terms/.

接下来我们要讨论的是隐私和法律团队。通常，在涉及证据收集或公开披露安全漏洞的安全事件中，你会与隐私和法律团队互动。在上一章中，我们简要讨论了 Capital One 数据泄露事件。[1] 该团队的隐私部门负责识别被盗数据的性质。他们与法律部门合作，共同向高层领导通报披露要求、法律义务以及对攻击者采取行动的措施。在 Capital One 事件中，隐私与法律团队通知了数据泄露的受害者，并协助 FBI 逮捕嫌疑人。

下面介绍本节的最后一个团队——反欺诈团队。反欺诈团队与隐私和法律团队密切合作，调查数据泄露事件，以确定数据是否被泄露、出售或用于恶意目的。例如，从 Capital One 盗取的数据中包括 140,000 个美国社会安全号码。反欺诈团队负责调查与被盗数据相关的事件，如身份盗窃或在暗网上进行的数据交易。反欺诈团队的职责会根据企业所在的行业而变化。软件公司的反欺诈团队可能会在互联网上搜索许可证密钥生成器，而制造企业的反欺诈团队则会寻找被盗图纸的迹象。

2.6 外部团队

在本章中，外部团队被定义为任何不为你的公司工作的团队。到目前为止，我们已经讨论了信息安全和与 SOC 互动的内部团队，以实现业务目标。与外部团队的互动需要经过特别的考虑。最重要的一点是，你代表你所在的组织和公司。

我们要讨论的第一个外部团队是政府机构，它们在任何国家都发挥着关键作用。无论是为了合规、报告数据泄露，还是解读隐私法规，SOC 最终都会与地方或联邦政府互动。由于本书两位作者均来自美国，所以将讨论有关美国政府方面的内容，而不对其他国家的网络安全立场进行推测。我建议你研究自己所在地区的地方法律

1 http://www.capitalone.com/facts2019/.

和法规，以便在与当地政府机构互动时做好准备。

我们需要讨论不同类型的政府机构，SOC 将以不同的方式与每个机构互动。**执法机构**是你最常遇到的政府实体。在美国，一些执法机构的例子包括联邦调查局(Federal Bureau of Investigation，FBI)、国家安全部(Department of Homeland Security，DHS)以及各州和地方警察。与法律和隐私团队一样，SOC 很可能会向调查机构提供数据泄露或内部威胁的证据。在与执法机构沟通时，重要的是仅陈述事实。尽量保持专业，并对你所合作的机构成员表示尊重。你将接触到的大多数人并不是网络安全分析师，因此请使用通用术语进行交流。

我们要讨论的第二个政府实体是**军事和情报机构**。如今，许多公司为联邦政府提供服务或商品，并且大多数国家都有网络安全法规，与政府有业务往来的公司必须遵守这些法规。这表现为更严格的合规控制和强制性报告要求。与政府合作的一个好处是，与政府合作的公司网络可以共享威胁情报。在美国，与联邦政府合作的公司可以加入国防工业基础网络安全(Defense Industrial Base Cybersecurity，DIB CS)计划。该计划允许公司在一个中心位置共享威胁报告、入侵指标和恶意软件样本。国防部(Department of Defense，DoD)还根据军事或情报机构收集的情报提供威胁报告和告警。

我们要讨论的最后一个政府组织是**监管机构**。监管机构是为私营经济的特定活动领域设定基准标准并执行这些标准的机构。监管机构通常按业务部门划分，比如美国卫生与公众服务部负责监管 HIPAA 合规标准。

并非所有监管机构都与政府有关联，比如国际标准化组织(International Organization for Standardization，ISO)就是一个独立的非政府国际组织，拥有 164 个国家标准机构的成员。由于非政府监管机构无法强制执行合规或对不合规公司处以处罚，因此采纳合规标准(如 ISO 27001)的政府机构将承担执行和惩罚的责任。在这种模式下，来自成员国的代表委员会负责制定新的和改进的合规标准。

我们要讨论的第二个外部团队是审计团队。审计员在公司实现监管合规的过程中扮演着重要角色，并且往往会给 SOC 带来许多麻烦。审计员的主要职责是了解合规标准和满足要求的安全控制措施。接下来，他们将运用自己的知识和专业技能，将公司的安全态势与合规标准进行比较。让我们通过查看表 2-2 中所示的 PCI DSS 1.2 版控制示例[1]，来看看审计员在合规审计中可能与 SOC 进行互动的方式。

表 2-2　摘录自 PCI DSS 快速指南

目标	PCI DSS 要求
建立并维护安全网络	1. 安装并维护防火墙配置以保护持卡人数据 2. 请勿使用供应商提供的系统密码和其他安全参数的默认设置
保护持卡人数据	3. 保护存储的持卡人数据 4. 对开放、公共网络上持卡人数据的传输进行加密
维护漏洞管理计划	5. 使用并定期更新防病毒软件或程序 6. 开发和维护安全的系统和应用程序
实施强有力的访问控制措施	7. 根据业务需要限制对持卡人数据的访问 8. 为每个有计算机访问权限的人员分配一个唯一的 ID 9. 限制对持卡人数据的物理访问
定期监控和测试网络	10. 跟踪和监控对网络资源和持卡人数据的所有访问 11. 定期测试安全系统和流程
维护信息安全策略	12. 制定针对员工和承包商的信息安全策略

“定期监控和测试网络”这一目标是 SOC 负责提供数据的一个典型示例。具体来说，SOC 是监控网络资源访问的团队，审计员最

1 http://www.pcisecuritystandards.org/pdfs/pci_ssc_quick_guide.pdf.

想查看的数据很可能存储在 SOC 的 SIEM 中。每位审计员都不同，因此他们请求的确切数据会根据经验水平和个人偏好而有所变化。一些审计员会要求 SOC 进行实时演示，以展示其访问和监控数据的能力，而其他审计员则会要求提供监控平台的截图及其中存储的数据。根据合规标准的不同，审计可能每三个月到每年进行一次。此外，根据公司的不同，SOC 可能还需在一年内向多个审计团队提供证据。

让我们继续讨论本章的最后一个团队，也很可能是你作为初级分析师最常与之互动的外部团队——供应商。供应商是向你的公司销售产品或尝试销售产品的外部提供商。SOC 使用的任何工具，如果不是由你的公司开发的，都是来自供应商。SOC 与现有供应商的互动通常限于请求帮助解决问题、提出功能需求和报告错误。然而，你可能会被邀请参加工具演示或安全工具的概念验证(Proof of Concept，POC)评估。

洞察　与供应商合作是一个很好的拓展人脉的机会；如果你决定离开 SOC，给供应商留下良好的印象可能会为你带来未来的工作机会。

与现有供应商合作时，关于提出功能需求或接受礼物方面存在特定的道德顾虑。重要的是要记住，你是你所在公司的代表。提供现有服务或产品的供应商可能会接受你提出的功能需求，并向贵公司收取为实现这些功能所花费的时间的费用。这不应该阻止你提出新功能需求。在与供应商沟通时，务必在达成任何协议之前询问他们是否会向公司收费。

同样，在与试图向贵公司销售产品或服务的供应商沟通时，重要的是不要对供应商做出任何承诺。与提供演示或概念验证的供应商进行的最佳对话是提供对他们产品的诚实反馈。无论好坏，他们都会将你的反馈带回公司用于进行产品改进。因此，在表达你对他们产品的看法时，一定要提供建设性的意见。诸如“你们的产品对我们没有价值”和“我们可以自己开发这个产品”之类的评论，无疑会让你在未来与供应商的沟通中被排除在外。

2.7 小结

在 SOC 工作，你会接触到许多其他团队，既有公司内部的，也有公司外部的。本章中介绍的每个团队共同构成了 SOC 的日常职责范围。本章中讨论的团队名称和角色在各个公司之间并没有统一标准。如前所述，一些团队成员的职责可能属于 SOC。无论这些职位是否存在，团队的职能都是公司取得成功所必需的。

我们之前曾讨论过本书的目的，以及我们希望如何通过 SOC 为你在网络安全领域从事的伟大新职业做好准备。请考虑一下，向新 SOC 分析师讲解每个团队成员、外部组织和政府实体的职能需要花费多少时间。本章通过简要介绍网络安全的专业领域，帮助你为取得成功做好准备。无论你是与当地执法部门合作调查恶意内部人员，还是为合规团队收集审计证据，你对这些团体及其角色和职责的更好理解将有助于让你脱颖而出，成为 SOC 团队中一名富有成效的成员。

第 2 章　测验

① 大型组织通常由三个网络安全常规团队组成，下列哪一项不是其中之一？

Ⓐ IAM　　Ⓑ 运营

Ⓒ 工程　　Ⓓ 架构

② 威胁情报(TI)团队负责下列哪项工作？

Ⓐ 从 SOC 接管事件并对长期持续事件进行调查。

Ⓑ 研究新威胁以增强检测能力，确定它们是否危险，并向管理层和 SOC 提供详细信息。

Ⓒ 专注于在实施新技术的同时实施最佳安全实践和合规控制。

Ⓓ 识别、分类并修复新的和现有的漏洞。

③ 就职责而言，数字取证和事件响应(DFIR)团队负责以下哪项工作？

Ⓐ 专注于在实施新技术的同时执行最佳安全实践和合规性控制。

Ⓑ 部署、管理和维护安全工具。

Ⓒ 研究新威胁以增强检测能力，确定它们是否危险，并向管理层和 SOC 提供详细信息。

Ⓓ 从 SOC 接管事件并对长期持续事件进行调查。

④ 安全工程团队负责下列哪些任务？

Ⓐ 识别、分类和修复新的和现有的漏洞。

Ⓑ 研究新的威胁以增强检测能力，确定它们是否危险，并向管理层和 SOC 提供详细信息。

Ⓒ 部署、管理和维护安全工具。

Ⓓ 注重在实施新技术的同时执行最佳安全实践和合规控制。

⑤ 漏洞管理团队负责下列哪项工作？

Ⓐ 研究新威胁，确定它们是否危险，并向管理层提供详细信息。

Ⓑ 识别、分类和修复整个网络中的现有漏洞。
Ⓒ 从 SOC 接管事件并对长期持续事件进行调查。
Ⓓ 部署、管理和维护安全工具。

⑥ 安全架构团队的职责包括下列哪些?
Ⓐ 在实施新技术的同时，注重执行最佳安全实践和合规控制。
Ⓑ 部署、管理和维护安全工具。
Ⓒ 研究新威胁，确定它们是否危险，并向管理层提供详细信息。
Ⓓ 从 SOC 接管事件并对长期持续事件进行调查。

⑦ ________是网络安全的第一级管理层，也是最困难的工作之一。
Ⓐ SOC 总监
Ⓑ SOC 经理
Ⓒ 首席信息安全官(CISO)
Ⓓ 风险管理团队

⑧ SOC 总监也可称为________。下列哪一项不适用?
Ⓐ 安全运营总监
Ⓑ 威胁管理总监
Ⓒ IT 安全总监
Ⓓ 风险管理总监

⑨ 以下哪个内部团队关注最坏的情况以及这种情况发生的频率是多少?
Ⓐ 风险管理。
Ⓑ 治理与合规。
Ⓒ 隐私与法律。
Ⓓ 数字取证与事件响应(DFIR)。

第 2 章　测验答案

① 大型组织通常由三个网络安全常规团队组成，下列哪一项不是其中之一？

Ⓐ IAM

虽然大型组织中可能会有 IAM 团队，但三个常规团队可以细分为运营、工程和架构。

② 威胁情报(TI)团队负责下列哪项工作？

Ⓑ 研究新威胁以增强检测能力，确定它们是否危险，并向管理层和 SOC 提供详细信息。

威胁情报团队通常会研究新的威胁以增强检测能力，确定它们是否危险，并向管理层和 SOC 提供详细信息。

③ 就职责而言，数字取证和事件响应(DFIR)团队负责以下哪项工作？

Ⓓ 从 SOC 接管事件并对长期持续事件进行调查。

通常，DFIR 团队会从 SOC 接管事件并对长期持续的事件进行调查。

④ 安全工程团队负责下列哪些任务？

Ⓒ 部署、管理和维护安全工具。

通常，安全工程团队负责部署、管理和维护安全工具。

⑤ 漏洞管理团队负责下列哪项工作？

Ⓑ 识别、分类和修复整个网络中的现有漏洞。

漏洞管理团队负责识别、分类和修复整个网络中现有的漏洞。

⑥ 安全架构团队的职责包括下列哪些？

Ⓐ 在实施新技术的同时，注重执行最佳安全实践和合规控制。

安全架构团队通常专注于在实施新技术时执行最佳安全实践和合规控制。

⑦ ________是网络安全的第一级管理层，也是最困难的工作之一。

Ⓑ SOC 经理

第一级管理层，也是你最常接触的管理层，是 SOC 经理。

⑧ SOC 总监也可称为________。下列哪一项不适用？

Ⓓ 风险管理总监

SOC 总监通常不被称为风险管理总监。

⑨ 以下哪个内部团队关注最坏的情况以及这种情况发生的频率是多少？

Ⓐ 风险管理。

风险管理团队重点关注可能发生的所有“坏事”及其发生的频率，以及它们对组织产生的影响。

RESUME
LEARNING
JOBS

第3章

求　　职

本章将介绍如何找到有关SOC分析师的工作，包括常见的职位名称、应使用的招聘网站、简历撰写技巧、与其他专业人士建立联系以及常见的面试问题。

如果你正在寻找有关网络安全的新职业，那么本章将为你提供在网络安全行业找工作的技巧和工具。这可能意味着你刚从大学毕业，想要开始职业生涯；或者你在IT领域工作了一段时间，想要转向网络安全；或者你是一位退伍军人，希望过渡到民用领域。无论你属于哪种情况，都有一些事情是你应该了解的。

3.1　人脉网络

会议和聚会

口碑是你的得力助手，对于拓展你的人脉很重要。拥有一个可以与你进行专业交流的广泛人脉网络不仅能为你带来新的机会，还能让你与他人讨论你的新想法。专业人脉可以帮助你掌握最新趋势，例如，新闻或技术技巧，对你大有裨益。在你所在的国家和地区，有许多机会可以参与项目或社区活动。例如：

2600(2600.org)是一个与黑客文化有着深厚渊源的组织。如今，它以网站、聚会空间、会议和杂志等形式存在。黑客历史非常引人入胜，他们的名字源自 2600 赫兹，这是一种在“Captain Crunch”盒子里找到的塑料哨子吹响时发出的频率。对着付费电话吹，黑客就可以免费拨打电话。(译者注：“Captain Crunch”盒子指的是一种著名的早餐谷物品牌“Captain Crunch”。在 20 世纪 70 年代，黑客们发现这种谷物盒内包含的塑料哨子可以发出 2600 赫兹的音频频率，这个频率被用于操纵公用电话系统，从而实现免费的通话。这一发现成为黑客文化历史上的一个经典案例。)

DEF CON 是黑客会议中的瑰宝，通常在夏季于内华达州的拉斯维加斯举行。对于任何信息安全领域的人来说，它被视为一次朝圣之旅！该会议活动丰富多彩，有很多操作和体验可供探索，你永远无法做完全部事情。对你的职业发展来说，该会议的魅力在于招聘人员非常喜欢它！我听说过很多人在 DEF CON 现场获得工作邀请的故事。如果你在此次活动中做志愿者，体验会更好，因为你将更深入地结识更多人。此外，DEF CON 还有“DEF CON groups”，即在本地举办的较小会议，通常按月举行。这也是与当地信息安全同行进行网络交流的好机会，从中可以了解你所在地区的信息安全动态，并希望找到一些工作线索！

BSides 是在许多城市与当地举办的热门会议，通常与在拉斯维加斯举行的 DEF CON 同期进行。它相对受欢迎，而且很有价值。门票价格便宜(如果你做志愿者则免费)，能够让你接触到当地的活动并结识人脉。

OWASP(Open Web Application Security Project，开放 Web 应用程序安全项目)是一个非营利组织，致力于提高软件的安全性。通过社区主导的开源软件项目、全球数百个地方分支、成千上万的成员以及领先的教育和培训会议，

OWASP 基金会为开发者和技术人员提供了用于保障网络安全的重要资源。

黑客空间和创客空间： 这些地方聚会是结识新朋友、动手实验、操作设备和探索技术的好机会。有时，这些会议会让成员以展示和分享的形式进行演讲，这是提高你演讲技巧的绝佳方式。

如果你一直在参加周边地区的会议，不要忘记带上铅笔和笔记本，以便记录你遇到的人的电子邮件和联系方式。这并不奇怪，也不会让人感到不适，大家都是为了同一个目的而聚在一起，你有笔记本会显得很幸运。大多数人会觉得受宠若惊，因为你关心他们的信息。告诉你的新朋友你希望保持联系，并关注他们。聚会结束后的第二天，请跟进每个人，向他们发送你的简历，以便他们与他人分享。

3.1.1 比赛

如果我们不花一点时间谈谈夺旗赛(Capture-the-Flag，CTF)，这本书就不算完整。CTF 比赛从一开始就存在，它的起源是那些隐藏有文本字符串的易受攻击的应用程序和系统。参赛者找到文本字符串并将其提交给评委，每找到一个证据证明破解了它，就会获得积分。CTF 始于 1996 年的 DEF CON(前面提到过)，如今已演变成会议上的各种 CTF 挑战。

事实上，泰勒最喜欢的挑战是 DEF CON Blue Team Village CTF 比赛，但他也参加过 Ghost in the Shellcode、SANS Netwars、Holiday Hack、CSAW 等竞赛，还曾担任 Cyber Patriot 项目的高中生导师。泰勒在这些比赛中表现并不出色，但他总是作为团队的一员参赛，这就是比赛的乐趣所在。除了 DEF CON，大多数大型会议都会有自己的 CTF 比赛。例如，Splunk 会议 Splunk.conf 举办了一场名为 BOTS (Boss of the SOC)的热门 CTF 比赛，这项比赛非常具有挑战性且很受欢迎(恭喜 VMware 在 2023 年获得第三名！)。如果你在上大学，则会有很多面向学生的 CTF 比赛，也许你应该关注的最大规模比赛是大学生网络安全防御大赛(Collegiate Cyber Defense Competition，CCDC)。

除了这些比赛，还有许多在线 CTF 比赛和挑战，它们不仅有你可以加入和参与的社区，还提供奖励、证书和炫耀的资本。目前，最受欢迎的在线 CTF 平台之一是 TryHackMe(THM)，我强烈建议你了解一下。TryHackMe 因其出色的黑客挑战而人气飙升，在 LinkedIn 上，常常可以看到分析师宣传自己是“TryHackMe 前 2%”或“TryHackMe 前 5%”。如果你认真对待这项游戏并想炫耀自己的技能，可以购买订阅服务，以加快学习和获取积分的速度。TryHackMe 提供指导式教程，最适合初学者。

Hack the Box(HTB)是另一个类似于 TryHackMe 的平台，但其订阅费用稍高，并且你需要自己应对挑战。HTB 自称是排名第一的网络安全技能提升平台。然而，该平台要求用户具备基本的渗透测试知识，可能不像其他替代方案那样适合初学者。它内容丰富且充满挑战性。

另一方面，针对防御(蓝队)挑战而构建的 Lets Defend 平台正越来越受欢迎。虽然他们提供免费选项，但 SOC 分析师课程需要购买订阅服务。该平台提供了一些有趣的挑战，可以让你实际接触我们日常工作中遇到的一些内容，甚至还会颁发证书，供你在 LinkedIn 上分享。可以扫描以下二维码免费注册。

http://bit.ly/letsdefend

3.1.2 Medium

如果你想开始树立网络安全专家的个人品牌形象，那么 Medium 是你需要去学习的地方。创建一个博客可能是任何专业人士能做的最有价值的事情之一；Medium 不仅拥有庞大的技术专业人士受众，而且教授和撰写有关某个主题的文章还有助于增强对信息的记忆程度。你迟早会发现，如果不使用所学信息，你最终会忘记它。教别人一些技能能帮助你更长久地记住这些知识。选择几个关于 SOC 和网络安全的主题，可以是你最新在研的项目或一些你觉得有趣的研究内容，然后分享给他人。你的读者中可能就有你的新上司！每周至少写两篇文章，并在所有社交媒体平台上分享，包括 LinkedIn。永远要牢记“学习、实践、教授以运用知识”。同时，这也有助于他人。我们稍后将进一步讨论这一点。

博客将使你成为了解网络安全的行家。请确保在每篇 Medium 文章的末尾留下一条标语，使其链接到你的 LinkedIn 个人主页。这样，任何对你感兴趣的人都可以联系你！(见图 3-1)。

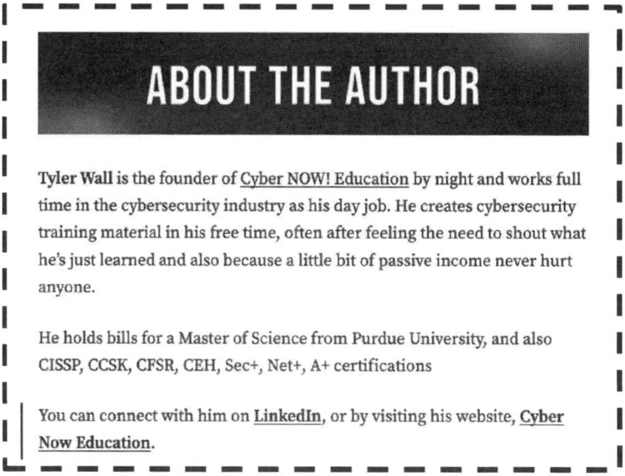

ABOUT THE AUTHOR

Tyler Wall is the founder of Cyber NOW! Education by night and works full time in the cybersecurity industry as his day job. He creates cybersecurity training material in his free time, often after feeling the need to shout what he's just learned and also because a little bit of passive income never hurt anyone.

He holds bills for a Master of Science from Purdue University, and also CISSP, CCSK, CFSR, CEH, Sec+, Net+, A+ certifications

You can connect with him on **LinkedIn**, or by visiting his website, **Cyber Now Education**.

图 3-1　Medium 文章页脚标语

3.1.3　创建课程

在线课程如今非常流行，像 Udemy 这样的网站使得创建和销售在线课程变得非常简单。创建在线课程是展现你在该领域资质的最佳方式之一。免费在 Udemy 上注册教师账户，创建一个关于网络安全概念的简单课程，并将其添加到你的简历中。在 LinkedIn 上联系泰勒 • 沃尔，就可以寻求合作机会。制作一门备受好评的 Udemy 课程需要团队合作，而泰勒认识一些人，有一些资源可以帮助你建立声誉，甚至在这个过程中赚些钱。无论你是作家、技术演示者，还是对云或安全课程有一些不错想法的普通用户，他都会乐意倾听。加入团队，让你的名字被更多人知道。目前，我的这门课程每月大约能带来 300 美元的收入，在撰写本书时已有约 20,000 名学生。图 3-2 展示了本书的视频版本，包含测验、作业和项目。

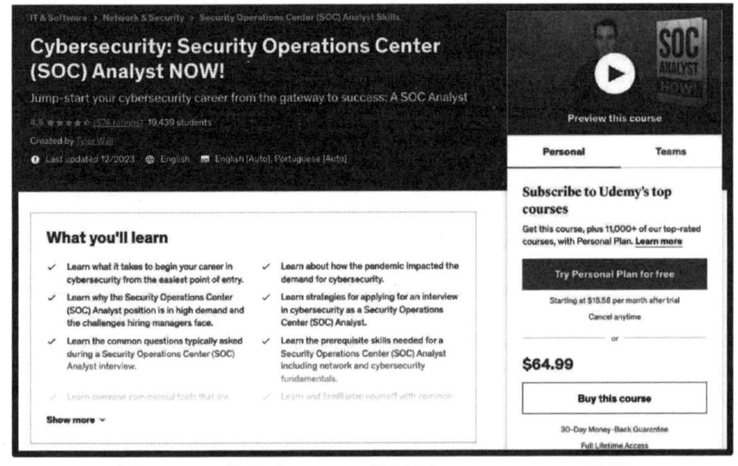

图 3-2　网络安全：SOC 分析师 NOW! Udemy 课程

在参加了几次会议、创建了课程并开始撰写博客后，你可以开始建立一个社区网络。一旦你开始建立自己的网络，就可能会有一些机会，但你也不想把所有的希望都寄托在一个地方。你还需要在传统的招聘网站上申请工作。

3.2 去哪里找工作

信息安全领域已经利用社交媒体来寻找和招募顶尖人才，LinkedIn.com 是一个很好的起点。你不仅可以在上面找到招聘信息，还可以与寻找顶尖人才的猎头和招聘人员建立联系。LinkedIn 提供了一个高级订阅服务，可用于寻找和联系招聘人员。LinkedIn 还提供了 LinkedIn Premium 的免费试用，我强烈推荐你在求职时使用它。

如果你的 LinkedIn 页面不够吸引人，那么无论你掌握的网络安全知识多么丰富，都无法得到他人的关注。除了在标题中添加你的认证和资历，还有一些提示需要记住(见图 3-3)。

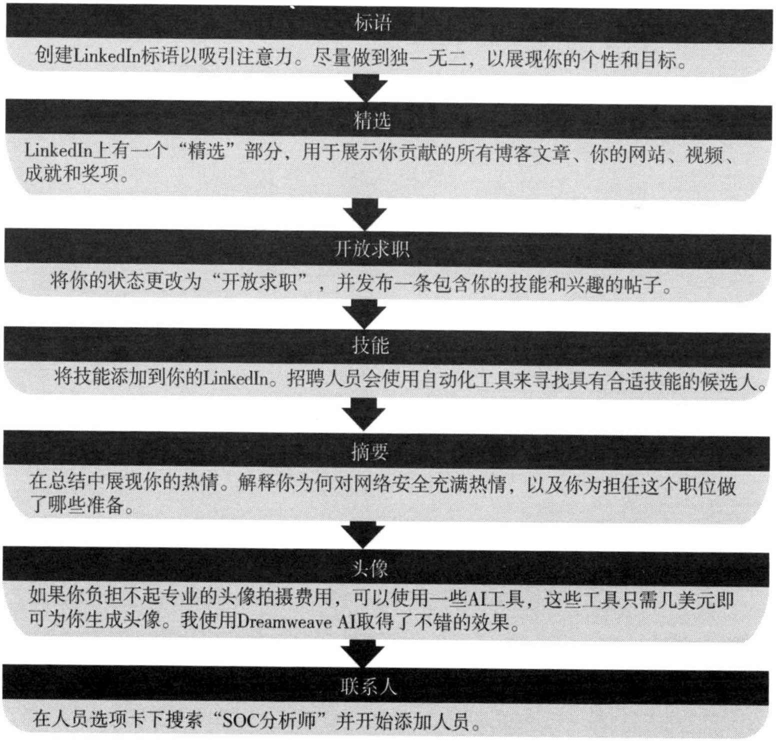

标语

创建LinkedIn标语以吸引注意力。尽量做到独一无二，以展现你的个性和目标。

精选

LinkedIn上有一个“精选”部分，用于展示你贡献的所有博客文章、你的网站、视频、成就和奖项。

开放求职

将你的状态更改为“开放求职”，并发布一条包含你的技能和兴趣的帖子。

技能

将技能添加到你的LinkedIn。招聘人员会使用自动化工具来寻找具有合适技能的候选人。

摘要

在总结中展现你的热情。解释你为何对网络安全充满热情，以及你为担任这个职位做了哪些准备。

头像

如果你负担不起专业的头像拍摄费用，可以使用一些AI工具，这些工具只需几美元即可为你生成头像。我使用Dreamweave AI取得了不错的效果。

联系人

在人员选项卡下搜索“SOC分析师”并开始添加人员。

图 3-3　LinkedIn 个人资料提示

LinkedIn 并不是唯一整合招聘信息的网站，Indeed.com 和 Monster.com 也值得一试。一旦你获得了一些技术认证，像 Credly.com 这样的网站就有专门的招聘板块，在寻找已获得认证的优秀人才。

最后，查看公司官网的招聘板块也是不错的选择。这不仅可以让你了解有哪些空缺职位，还能帮助你了解公司对求职者的具体要求。

注意 即使你不满足招聘信息中的所有要求，也不要害怕申请。引用伟大的冰球运动员韦恩•格雷茨基的话，“你不尝试，就百分之百没有机会成功。”

3.3 申请工作

我们想向你解释如何进行求职。首先，你需要整理你的简历。完善一份简历需要反复尝试，但你也可以请专业人士帮助你制作一份优秀的简历。简历可以采用多种样式，但基本信息都是一样的(见图 3-4)。

联系信息	在简历顶部写上你的全名、电子邮件、电话号码、地址和 LinkedIn主页地址。
摘要	应该包括与你所申请职位相关的技能和资格的摘要，以便招聘者可以快速识别你的优势，看看你是否适合该职位。
教育	列出你拥有的任何正规教育和认证证书。包括与技术无关的学位(如果有)，但不要列出与你申请的职位无关的证书。
技能	列出与你申请职位相关的技能。
工作经历	列出你之前的工作经验。一些专业的简历撰写者会根据你想要申请的职位，战略性地排列你的工作经历。他们通常建议只回溯过去 5 年的工作经历，或者将篇幅控制在两页以内。

图 3-4 简历的组成部分

将你的简历内容控制在三页以内，避免招聘者快速略读而遗漏重要信息。使用专业简历撰写服务机构的好处是，他们会与你共享文档，并通过提问来深入挖掘你的过往经验，然后以简明易懂的方式撰写出来，从而方便招聘者快速获取关键信息。

> 我已与Resume Raiders (www.resumeraiders.com)达成协议，使用优惠券代码"SOCANALYSTNOW"可享受其服务20%的折扣。

简历整理好后，就可以开始找工作了。有好几个招聘网站都为我们提供了成功的机会；不过，我最推荐使用 LinkedIn。当我找工作时，我通常会购买他们的高级会员资格，这样就能查看我申请的每个职位的统计数据，向我感兴趣的公司的招聘经理或招聘人员发送 InMail(站内)消息，并了解谁在查看我的个人资料。此外，Google 还提供了丰富的职位供你搜索。使用 Google，你可以专门针对网络安全职位设置和配置职位提醒。

安全分析师职位是进入信息安全领域最容易获得的职位。在大多数安全运营中心(SOC)中，这个职位的人员流动性比较大，因此安全分析师的职位经常开放。你首先要寻找的职位如图 3-5 所示。

图 3-5　SOC 分析师职位

如果你可以灵活搬家(居住地)，那么快速找到合适职位的机会更大。如果你住在远离大城市的地方，选择可能会受限。大多数安全运营中心(SOC)出于安全考虑要求员工到现场工作，但这种情况在这几年似乎有所改变。你有可能找到远程的 SOC 分析师职位，但在离你最近的大城市，你可能会有更多的选择。

3.4 常见的面试问题

以下是初级 SOC 分析师面试时可能会被问到的一些常见问题的列表。有些问题非常基础，有些问题比较难，但我们认为，如果你能回答这些问题，你就具备成为 SOC 分析师所需的知识：

1. 什么是 RFC 1918 地址？
   a. 你知道它们吗？
2. 定义 A、B 或 C 类网络。
3. 网络杀伤链的七个阶段是什么？
4. Mitre ATT&CK 框架的目的是什么？
5. TCP 和 UDP 有什么区别？
6. 端口 80、443、22、23、25 和 53 是什么？
7. 什么是数据渗出？
   a. 哪种 Windows 协议通常用于数据渗出？
8. 你有家庭实验室吗？
   a. 解释一下。
9. 什么是 AWS？Azure？
   a. 解释一下你如何使用它们。
10. 什么是 DMZ？为什么它是网络攻击的常见目标？

拥有技术知识的重要性不容忽视。前面提到的问题相对简单，但令人惊讶的是，十个候选人中有七个不知道服务(如 SMB、NTP 和 SSH)使用的常见 TCP/UDP 端口。我强烈建议你使用常见的学习指南来准备面试。*Quizlet.com* 网站就是一个例子，它为 Network+或 Security+等信息技术认证提供了抽卡式(flashcard)学习平台。这些认证的抽卡学习集可以帮助你在面试前复习知识。此外，Udemy 也提供了一些有关 SOC 分析师面试问题的课程，供你学习，如图 3-6 所示。

图 3-6　Udemy SOC 分析师面试问题

尽管你需要对信息技术有基本的了解，但这只涵盖了成为 SOC 分析师所需条件的一半。分析师应该具备批判性思考能力，并具有解决问题的敏锐度。面试官通常会使用基于场景的问题来测试应聘者解决问题的能力。我们在此介绍一下曾经见过并用于进行面试的一些场景。

1. “你是一名一级 SOC 分析师，负责监控 SOC 收件箱中用户报告的事件。SOC 收到一封人力资源副总裁发来的电子邮件，称他无法访问个人云盘。副总裁知道这违反了公司政策，但他坚持认为这是合法的业务需求。”

   a. 你是否会处理副总裁的访问请求？

   b. 你对副总裁的回复是什么？

   c. 你还应该将回复邮件抄送给哪些人？

2. “你正在监控 SIEM 仪表板以查找新的安全事件。网络 IDS 发出警报，你开始调查。你发现大量通过 UDP 端口 161 的网络流量来自数十个内部 IP 地址，所有 IP 地址都具有相同的内部目标 IP 地址。谷歌搜索显示，UDP 端口 161 由简单网络管理协议使用，其流量的字节数微乎其微。”

a. 你认为这是数据渗出吗？

b. 如果这不是数据渗出，那么哪些合法服务可能导致出现此警报？

c. 哪个团队可以对流量提供解释？

第一个场景是你申请入门级分析师职位时可能会遇到的典型问题，而第二个场景则稍微高级一些。让我们看看面试官想知道什么。

场景 1 的设计目的是识别申请人是否容易被组织中的高层领导吓倒(威慑)。信息安全是整个组织中每个成员的责任，不应为了某个高级领导的便利而放松要求。这里的更大教训是做出基于风险的决策。初级分析师不应承担违反政策的风险，也不能自行决定允许例外情况发生。

面试官会询问申请人应如何回复副总裁，这将展示他们在客户服务方面具有的经验。客户服务是 SOC 分析师的另一个非常重要的任务。无论是在托管安全服务提供商(Managed Security Service Provider，MSSP)还是在公司内部的 SOC 工作，都可能需要与其他团队合作，这时分析师需要表现出一定的机智和专业精神。第三个问题旨在帮助面试官了解分析师的优先级处理能力。如果分析师正在与副总裁合作，通常会有与组织高层领导沟通的相关流程，这时能够正确处理这些关系就显得尤为重要。

场景 2 旨在测试申请人具有的批判性思维能力和技术知识，同时让面试官了解申请人的调查推理能力。这个场景还反映了 SOC 分析师最重要的品质：如果你不知道答案，就承认。**SOC 团队最不需要的就是一个“自以为无所不知”的人，这样的人在工作环境中是危险且有害的。**如果这本书能教会你一件事，那就是这个道理：遇到不会的问题是正常的，最糟糕的事情就是在自信满满的情况下给出错误的答案。

请记住，上述场景仅作为示例；每个面试官都会使用自己的一套问题。但他们的目标是一致的，即找到并选出最适合该职位的申请人。我们的目标是帮助你成为那位申请人。以下是一些技巧和提示，可帮助你成为该职位的“最佳申请人”(见图 3-7)。

留下最好的第一印象
- 穿着要像专业人士一样，即使是远程工作。
- 带上打印的简历，并复印一份交给面试官。
- 保持有条理。这并不意味着你需要带上一个公文包，但可以考虑使用一个每日计划本，并配备纸和笔来做笔记。

使用积极的倾听技巧
- 与面试官保持目光接触。
- 等面试官说完再回答。
- 保持积极的肢体语言。
- 不要害怕要求面试官澄清或重复问题。

准备好问题
- “这个角色是否有可能与其他团队进行交叉培训？”
- “这个职位的发展路线图是什么样的？”

寻求反馈
- “为了提高我的面试技巧，你能提供一些积极或消极的反馈吗？”
- 这可以让面试官知道你关心自我成长，同时也能让你了解面试官对面试进展的看法。

图 3-7 面试技巧

3.5 小结

在本章中，我们希望你记住的最重要一点是，有些工具可以帮助你找到工作。利用招聘网站、与本地和在线的其他人建立人脉网络，并学习常见面试问题的答案。虽然就业市场正在快速增长，但随着 SOC 自动化和云技术的成熟，分析师的技能要求未来也会发生变化。我提到的这些资源，在你未来的职业发展中会变得更有价值。

结束本章之前还要强调最后一点。你即将进入“网络安全”(cybersecurity)的世界。网络安全被定义为“采取相应措施保护计算机或计算机系统(如互联网上的系统)免受未经授权的访问或攻击。”

这个词应始终拼写为一个单词，用于表示一种职业、实践，甚至是一个行业。相对而言，“Cyber Security”则表示“保护网络”，这种说法含糊不清，尤其是对于 20 世纪 90 年代和 21 世纪初的互联网用户来说，常常被当作笑话。而说你在“Security”领域工作就更加模糊了，可能会让人误以为你是安保人员，甚至是在证券市场工作。

第 3 章 测验

① 要了解黑客文化的在线支持社区，包括聚会空间、会议和以 Captain Crunch 玩具命名的杂志，请查看________。

Ⓐ 2600.org　　Ⓑ DEF CON

Ⓒ Bsides　　Ⓓ OWASP

② 这个费用相对便宜的会议每年在拉斯维加斯举行，吸引了大量寻找合格 IT 专业人员的招聘人员，是任何网络安全领域从业者的朝圣之地。该会议是指________。

Ⓐ Bsides　　Ⓑ OWASP

Ⓒ DEF CON　　Ⓓ Hackerspaces

③ ________是一个致力于提高软件安全性的非营利基金会。

Ⓐ DEF CON　　Ⓑ OWASP

Ⓒ BSides　　Ⓓ 2600

④ 申请 SOC 分析师职位的简历中应包含所有的相关内容，但以下内容中的________除外。

Ⓐ 不相关的认证　　Ⓑ 与之相关的经验

Ⓒ 与职位列表相符的技能　　Ⓓ 电话和电子邮件地址

⑤ 搜索空缺分析师职位时，请使用相关头衔，但以下头衔中的________除外。

Ⓐ 信息安全分析师　　Ⓑ 安全运营中心分析师

Ⓒ 安全分析师　　Ⓓ 软件分析师

⑥ 以下选项中，________不是将你的 LinkedIn 个人资料纳入简历的原因。

Ⓐ Linkedin 为你提供专业人士的概览

Ⓑ Linkedin 让你可以上传自己的多张照片

Ⓒ Linkedin 提供关于你自己的个性化信息

Ⓓ Linkedin 让你可以提供更多关于你自己的信息

⑦ 以下都是面试时可能会被问到的问题，除了________。

Ⓐ TCP 和 UDP 有什么区别？

Ⓑ 端口 80、443、22、23、25 和 53 是什么？

Ⓒ 什么是 RFC1928 地址？

Ⓓ 什么是 DMZ，为什么它是网络攻击的常见目标？

⑧ 以下选项中，________不在 SOC 分析师面试中可能会问到的问题列表中。

Ⓐ 什么是 ASW？

Ⓑ 定义 A、B 或 C 类网络？

Ⓒ 网络杀伤链的七个阶段是什么？

Ⓓ MITRE ATT&CK 框架的目的是什么？

⑨ 在面试中，当涉及肢体语言时，你应该做以下事情，除了________。

Ⓐ 使用简短的肯定句，例如，“我明白了”。

Ⓑ 进行眼神交流。

Ⓒ 保持良好的姿势。

Ⓓ 表现出焦躁不安或无聊的迹象。

⑩ 本课程的作者建议你成为________的高级会员，以查看你申请的工作的统计数据。

Ⓐ Indeed　　Ⓑ Monster

Ⓒ LinkedIn　　Ⓓ Glassdoor

第 3 章　测验答案

① 要了解黑客文化的在线支持社区，包括聚会空间、会议和以 Captain Crunch 玩具命名的杂志，请查看________。

Ⓐ 2600.org

有点"黑客历史"，在某些城市，2600 会议仍然活跃而顺利。

② 这个费用相对便宜的会议每年在拉斯维加斯举行，吸引了大量寻找合格 IT 专业人员的招聘人员，是任何网络安全领域从业者的朝圣之地。该会议是指________。

Ⓒ DEF CON

DEF CON 每年夏天在拉斯维加斯举办，是一个参与的好地方！

③ ________是一个致力于提高软件安全性的非营利基金会。

Ⓑ OWASP

开放的 Web 应用程序安全项目是一个在线社区，提供 Web 应用程序安全领域的免费文章、方法、文档、工具和技术。

④ 申请 SOC 分析师职位的简历中应包含所有的相关内容，但以下内容中的________除外。

Ⓐ 不相关的认证

不要在简历中包含不相关的认证。

⑤ 搜索空缺分析师职位时，请使用相关头衔，但以下头衔中的________除外。

Ⓓ 软件分析师

软件分析师并不是典型的网络安全职位。

⑥ 以下选项中，________不是将你的 LinkedIn 个人资料纳入简历的原因。

Ⓑ LinkedIn 让你可以上传自己的多张照片

上传自己的多张照片不应该成为在网络安全中使用 LinkedIn 的理由。

⑦ 以下都是面试时可能会被问到的问题，除了________：

Ⓒ 什么是 RFC1928 地址？

RFC1918 是标准，而不是 RFC1928。

⑧ 以下选项中，________不在 SOC 分析师面试中可能会问到的问题列表中。

Ⓐ 什么是 ASW？

ASW 并不是网络安全领域的常见缩写。

⑨ 在面试中，当涉及肢体语言时，你应该做以下事情，除了________。

Ⓓ 表现出焦躁不安或无聊的迹象。

这个问题的答案非常明晰，但应该会引发你的好奇，“焦躁不安或无聊的迹象是什么？”

⑩ 本课程的作者建议你成为________的高级会员，以查看你申请的工作的统计数据。

Ⓒ LinkedIn

本课程的作者在求职时发现了 LinkedIn 高级会员资格的价值。

TCP/UDP

第 4 章

必备技能

本章将介绍你找到信息安全领域第一份工作所需的必备技能。

了解需要掌握哪些主题才能进入网络安全领域至关重要。虽然我们无法教你所有必备知识，但本书将基于通用的知识基础，涵盖网络安全的基本原理。大部分必备知识可以通过正式的网络安全认证(如 CompTIA Network+和 Security+)获得。本章将讨论在面试前应理解的概念。我们先来谈谈网络基础。

4.1 网络基础

我们要讨论的第一个必备技能是网络基础。这里不是指如何与人交流，而是涵盖现代 TCP/IP 协议栈和 OSI 模型的基础知识。传输控制协议和互联网协议(TCP/IP)由 DARPA 的科学家温顿·瑟夫(Vinton Cerf)和鲍勃·卡恩(Bob Kahn)于 20 世纪 70 年代发明。当时，尚未有公认的网络标准。经过十多年的测试和完善，TCP/IP 协议栈于 1983 年正式推出，并迅速被美国国防部(Department of Defense，DoD)采用。国防部对这一新协议的采用，确保了 TCP/IP 成为未来的标准。基本上，TCP/IP 协议栈可以被视为一组分层结构，每一层解决一组与数据传输相关的问题。TCP/IP 协议栈包含四层。此外，还有一个七层模型，即开放系统互联(Open System Interconnection，

OSI)模型，它提供了更加细致的封装过程视图。因此，OSI 模型在如今被更广泛地使用。为了保持一致性，接下来我们将使用 OSI 模型。请参见图 4-1 了解 TCP/IP 和 OSI 模型。

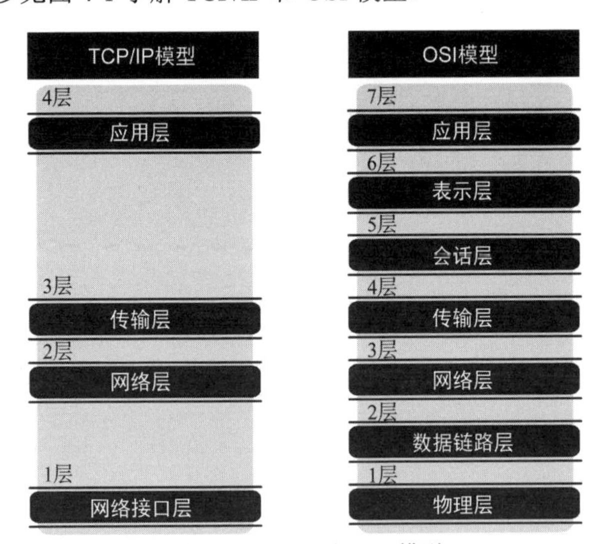

图 4-1　TCP/IP 和 OSI 模型

4.1.1　数据封装和解封

数据封装和解封是将数据从 OSI 模型的某一层提取出来并将其传递到下一层然后进行转换的过程。无论是添加(封装)还是剥离(解封)层，都是为下一层做准备。例如，解封是将物理层中的二进制 1 和 0 转换为应用层中人类可读内容的过程。无论你是在查看网页还是在观看视频，数据封装和解封对于网络上传输的数据流都至关重要。

当数据从第七层开始传输时，它是一个数据块。当沿着各层向下传输到第一层时，它会被准备好并切成更小的数据块，然后以信号(光、电、无线电波)的形式发送。每个数据包的前端都封装了更多信息，有时数据包的后端也会封装。在作为信号发送后，数据包会在各层目的地被剥离并重新组装，直到它再次成为一个数据块以供使用(见图 4-2)。

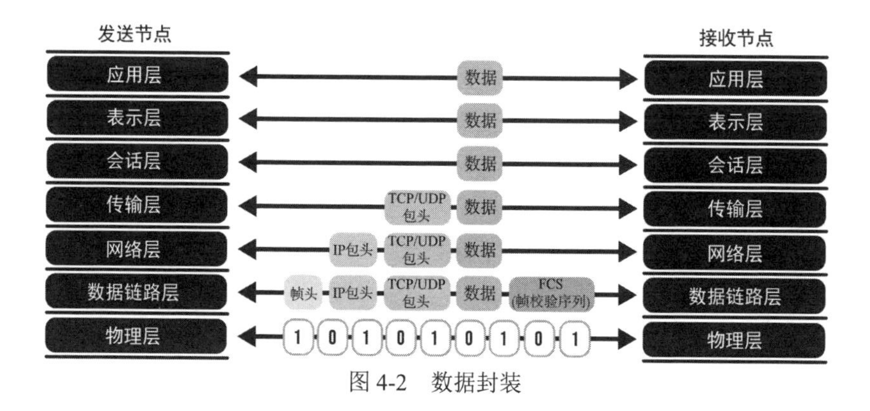

图 4-2　数据封装

尽管已有整本书专门讨论这个主题，但我们建议你在 YouTube 上搜索有关“OSI 模型封装”的内容，其中有一些很棒的视频通过我们无法在此处完全展现的动画分解了该过程。

4.1.2　IPv4 和 IPv6 IP 地址

如今，互联网上有两种类型的 IP 地址，即 IPv4 地址和 IPv6 地址。IPv4 地址空间(例如，10.0.0.1)是 32 位解决方案，是大多数人在想到 IP 地址时所熟悉的地址，但由于互联网格局发生了变化，尤其是由于物联网的加入，我们已经用尽了所有公开可用的 IPv4 地址。现在这些地址只能通过重新分配来替换已经关闭的机构的地址空间。作为一种解决方案，世界已经开始使用 IPv6 设备(例如，2004:0cb8: 82a3:08d3:1319:8a2e:0370:7334)，这是一种 128 位解决方案。请花点时间了解 IPv4 和 IPv6 之间的区别，在面试中你可能会被问到这些问题。

4.1.3　RFC1918

另一个需要了解的重要概念是公有地址空间和私有地址空间的区别。如果你对 Google 执行 ping 操作，消息会从私有网络中传出，经过公共互联网，直到到达 Google 部署在公共互联网上的计算机，然后 Google 会决定如何在其内部处理该消息。可以将其想象为你开车穿过一个现代化的社区，房子彼此紧邻。当你开车时，可以向左右两边看，都可以看到各个房子的前门。你可以走到任何一户的车道上，敲他们的前门，因为这些门都是公开可访问的。现在再考虑一下：私有网络地址空间就像房子里的卧室、浴室和公共区域。在互联网的架构中，这三个私有空间由称为 RFC1918 地址空间的规范进行管理(见图 4-3)。在 RFC1918 中，有三个 IP 地址子网。

地址空间	子网掩码	IP地址总数
10.0.0.0 - 10.255.255.255	10.0.0.0/8	16,777,216
192.168.0.0 - 192.168.255.255	192.168.0.0/16	1,048,576
172.16.0.0 - 172.31.255.255	172.16.0.0/12	65,536

图 4-3　RFC1918 地址空间

由于主机数量众多，因此在企业环境中，最频繁使用的是 10.0.0.0/8 地址空间。

4.1.4　端口和 TCP/UDP

了解常用的端口号以及 TCP 和 UDP 之间的区别非常有帮助。TCP，即传输控制协议，依赖于建立的三次握手连接。而 UDP，即用户数据报协议，相较于 TCP 需要用到的控制数据要少得多。你可以把 UDP 想象成“不可靠的数据协议”(Unreliable Data Protocol)，因为 UDP 流量发送后，发送方和接收方都不关心数据是否到达。相比之下，如果在 TCP 连接中某个数据包在传输过程中丢失，TCP 会重新发送丢失的数据包，并将其按顺序重新组装。如果你曾经观看过电影流媒体或 YouTube 视频，那么你是通过 UDP 来接收视频数据的。你可能注意到视频卡顿或出现奇怪的帧，这就是一个 UDP 数据包没有到达你的计算机或电视的表现。TCP 连接则用于每一位数据都需要到达目的地的情况，例如，文件传输。如果在文件传输中所有的位和字节都没有到达目的地，文件将会损坏且无法使用。

图 4-4 显示了常用的端口号。

端口号	协议	应用
20	TCP	FTP数据
21	TCP	FTP控制
22	TCP	SSH
23	TCP	TELNET
25	TCP	SMTP
53	UDP, TCP	DNS
67, 68	UDP	DHCP
69	UDP	TFTP
80	TCP	HTTP
110	TCP	POP3
161	UDP	SNMP
443	TCP	SSL

图 4-4　常用的端口号

4.1.5　TCP 三次握手

接下来是 TCP 三次握手过程。这非常重要，因为三次握手建立了两个主机之间的 TCP 连接，见图 4-5。

举个例子，假设你正在向一个图片托管网站上传文件。在文件传输之前，你的计算机会通过发送一个同步(Synchronize，SYN)数据包来与服务器建立连接。接着，服务器会返回一个 SYN 和确认(Acknowledge，ACK)数据包，然后你的客户端再发送一个确认(ACK)数据包。至此，三次握手过程就完成了。

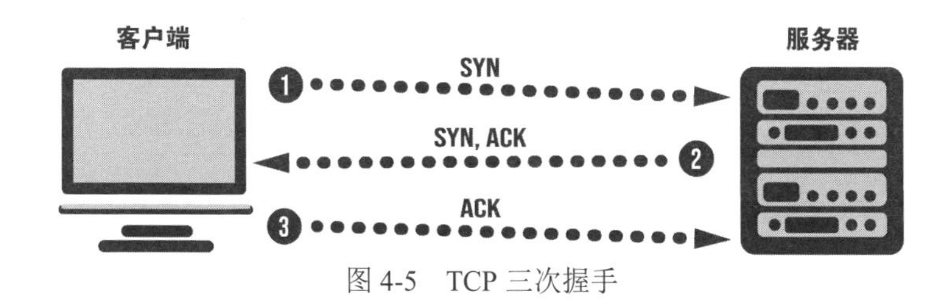

图 4-5　TCP 三次握手

这对你的新工作意味着什么呢？如果公共互联网上的某个主机正在攻击公司网络的边界，你可能只会看到一个 SYN 数据包。大多数防火墙会丢弃这些未被授权的流量，所以这并不是很大的问题。然而，如果你正在监控网络中的某台可疑计算机，它与恶意主机完成了握手过程，那么很有可能它们已经进行了有效的通信，并且已经传输了一定规模的数据。

4.2 CIA 三元组

安全性的基本原则围绕着 CIA 三元组(CIA Triad)的概念展开，这里的 CIA 不是指中央情报局(Central Intelligence Agency)，而是保密性(Confidentiality)、完整性(Integrity)和可用性(Availability)。所有的安全性都可以从这三个高级类别中进行分解。保密性指的是信息的机密性，确保信息只能被指定的人查看，不多也不少。完整性与数据的正确性有关，确保你使用的信息是你打算使用的，完整且未被篡改。可用性是指确保数据在需要时可以被使用。例如，拒绝服务(Denial of Service，DoS)攻击可能使网站对访问者不可用，这就是对可用性的攻击。像三条腿的凳子或坚固的三角形一样，最安全的数据依赖于所有这三个概念的结合(见图 4-6)。

图 4-6　CIA 三元组

4.3　防火墙

防火墙在确保只有需要访问网络资源的人才能获得访问权限方面表现出色。通过使用访问控制列表(Access Control List, ACL)，防火墙可以防止公共互联网访问私有网络资源。ACL 是保密性控制和可用性控制的一个例子。

如本章前面所述，公共网络空间与 RFC1918 私有互联网空间之间存在明确的界限。这个边界是通过使用网络设备创建的，称为网络的边界。如果你将你所用的网络想象成一个圆圈，圆圈内的一切是你的私有计算机和资源，圆圈外的一切是互联网，那么边界就是这个圆圈本身，而它由你的防火墙来管理。随着云计算的出现，这个概念逐渐不再流行，但在今天仍然重要。

4.4　最小权限和职责分离

在考虑访问控制模型时，还应考虑最小权限的概念。简单来说，最小权限原则就是任何人都不应拥有超出其工作所需的最低限度的访问权限。例如，一个清洁工需要访问大楼的所有区域，但可能不需要具有与数字记录相同的访问权限。

在考虑最小权限原则时，职责分离也同样重要。职责分离的概念是将重要职责分开，以减少欺诈的机会。解释职责分离的一个著名例子是，将负责核对账簿的员工与负责签发支票的员工分开。如果同一个人既能篡改账簿(为了自己的利益修改)，又能签发支票，那么他们可以轻易地给自己开一张支票，而没有人会察觉。

4.5　加密

你还需要了解一些加密原理。首先是加密与哈希之间的区别。

简单来说，加密是通过改变数据的形式使其不可读，但目的是能够通过某种方式将其还原，使信息再次可读。

注意 若要自行研究加密原理，需要知道什么是公钥和私钥，以及何时使用它们。此外，还要知道该密钥生成过程与使用同一密钥加密和解密有何区别。

哈希是将一组数据转换为唯一指纹的过程。例如，如果你有一千行代码，可以将其保存到文件中，并对该文件进行哈希处理，使其生成一个 128 位的 MD5 哈希值，该值看起来可能类似于这样：97fbca75e134639d48bd83 270ae9e045。

哈希和加密之间的主要区别在于哈希是单向的。没有任何可行的方法将前面的字符串转换回字符“Cyber NOW Education Rulez”。

在面试中，可能会被问到编码和加密之间的区别。你需要记住的是，编码只是一种算法，并不使用密钥。

4.6 终端安全

根据 Verizon 2023 年发布的数据泄露调查报告[1]，近 74%的恶意软件感染是由个人的行为引起的。这包括打开电子邮件附件、点击未知链接以及下载嵌入了恶意软件的文件。虽然网络安全在保护私有网络边界方面很重要，但当用户下载并在本地系统上运行恶意软件时，网络安全就完全被绕过了。一旦单个系统被攻破，攻击者就可以在网络中自由移动，而不会被防火墙检测到。用户的笔记本电脑、智能手机和打印机只是攻击者可能攻击的设备中的一部分。

终端安全的难点在于市场上的设备数量过多。大多数设备都运行以下三个操作系统系列之一：Windows、Unix 和 MacOS。

---

1 https://enterprise.verizon.com/resources/reports/dbir/.

注意　Verizon 数据泄露报告可能是网络安全行业中最受尊敬的出版物。我们建议你花点时间在线查看最新的数据泄露报告，以了解行业最新的网络安全统计数据。这也是面试时非常不错的讨论话题！

在考虑终端安全时，我发现最有价值的技能是了解每个终端如何受到攻击或被利用。以下部分将介绍主要的操作系统及其一些常见漏洞。

4.6.1　Windows

我们先来谈谈 Windows，因为它是全球用户终端市场的领导者。事实上，根据 Net Market Share 提供的 2023 年统计数据[1]，82.4%的计算机都运行某种版本的 Windows 系统。在撰写本书时，Windows 11 和 Windows Server 2022 是这一流行操作系统的最新迭代。然而，Windows Server 2012、2016 和 2019，以及 Windows 7、8/8.1 和 10 仍在许多家庭和企业中广泛使用。问题就在这里。随着新操作系统的发布，微软不再维护较旧的操作系统，这使得这些旧系统缺乏应对新型恶意软件变种所需的关键安全补丁。如果我们深入研究数据，就会发现超过 70%的 Windows 用户运行的是不受支持的操作系统版本。

我们已经讨论了为什么 Windows 会成为攻击目标，那么它们是如何被攻击的呢？如前所述，74%的恶意软件是通过用户行为进入的。用户点击电子邮件中的链接或打开附件，比任何其他方法都更容易造成初始入侵。

另一种常见的导致 Windows 终端被攻陷的方法是弱密码。如果你的 Windows 终端正在监听远程桌面协议(Remote Desktop Protocol，RDP)会话，那么在未来某个时候你很可能会成为暴力破解攻击的目标。密码的强度将决定攻击者的成功率。在密码复杂性方面，有两

1 https://netmarketshare.com/.

种观点。首先，密码越长，暴力破解所需花费的时间就越长。其次，密码字符集越多样化，暴力破解所需花费的时间也会越长。最终，这两者都是正确的，但有一个前提。如果你的密码中使用了单词，那么猜测起来就会更容易。现代密码破解工具能够读取字典，并使用修改规则集来变换字母，从而减少破解密码所需花费的时间。破解密码可以是一项有趣的家庭实验，任何网络安全专业人士都应该学会这一技能。我们建议你学习使用一些工具，例如，John the Ripper 和 Hashcat。

注意 以下是我们的法律免责声明：窃取或主动尝试使用他人的密码登录服务是违法的。未经明确或书面许可，请勿尝试任何黑客活动。

我们将讨论的关于 Windows 安全的最后一个主题是用户权限。大多数 Windows 家庭用户都以终端本地管理员的身份进行日常操作，这意味着他们不会使用单独的非管理员账户进行日常活动。在家里，这种做法是可以接受的。当公司允许其员工以公司终端本地管理员账户的身份进行操作时，恶意软件感染的风险会高得多。让我们来看一个场景。

Josh 是 Acme Brick Company (ABC)的销售总监。ABC 信息安全团队允许所有用户在工作笔记本电脑上使用本地管理员账户。Josh 收到一封来自老同学的电子邮件，邀请他加入校友论坛。Josh 点击了链接，结果成为驱动恶意软件的受害者。恶意软件开始在公司的其他系统中传播，并很快蔓延到销售团队的每个系统。

在这种情况下，拥有本地管理员权限有什么危险？简而言之，恶意软件在感染后立即获得了对 Josh 系统的完全访问权限。相比之下，如果 Josh 的账户具有用户级权限，则恶意软件将在该用户的权限范围内受到严重限制。另一个反对使用本地管理员权限的关键点是它能够提升到系统级权限。如果攻击者获得了系统级访问权限，则终端上的任何内容都将不再安全。

4.6.2 MacOS

越来越多的公司将苹果的 MacOS 作为其首选终端，使其成为全球第二大受欢迎的操作系统。MacOS 目前为 14.x 版本，可在苹果的所有台式机和笔记本电脑产品中找到。MacOS 是 Unix 的专有版本；这使得操作系统可以在较低的系统资源上运行并提供更大的用户控制权。2023 年，MacOS 拥有 12.9%的操作系统市场份额。这个比例听起来可能不多，但这意味着全球家庭和办公室中有数百万台苹果设备。

许多人会说苹果设备由于没有安装恶意软件而更加安全。虽然确实针对 MacOS 的恶意软件较少，但这并不是使 MacOS 更安全的原因。苹果已将终端安全提升到了硬件层面，在主板上内置了安全芯片。这些芯片专门用于加密文件存储、确保每次操作系统安全启动，以及提供应用运行时的安全性。其他基于软件的技术，如执行禁用(Execute Disable，XD)、地址空间布局随机化(Address Space Layout Randomization，ASLR)和系统完整性保护(System Integrity Protection，SIP)，都共同作用以确保恶意软件无法影响关键系统文件。尽管 MacOS 是一个非常安全的平台，但它并未内置基于签名的检测功能。

在 MacOS 中，用户权限与大多数现代 Linux 发行版非常相似。默认情况下，Root 用户被禁用，无法访问。管理员组中的用户可以根据需要提升其权限，以执行本地系统上的管理任务。

总体而言，苹果的 MacOS 是提高企业环境安全性的一个很好的选择。大多数小型企业采用微软的 Active Directory 服务作为其身份验证机制，因此 Windows 设备更为合适。虽然有一些身份管理器允许 MacOS 加入 Active Directory，但这通常需要得到高水平的 IT 支持并花费更多成本。苹果设备的价格在争夺终端市场的竞争中也起着重要作用，这导致大多数中小型公司选择使用 Windows 设备，因为它们的价格可能比类似的苹果设备便宜 75%。

4.6.3 Unix/Linux

随着开源社区规模的扩大，Unix 和 Linux 在过去几十年中变得越来越流行，截至 2023 年将占据 2%的市场份额。我们不会介绍 Unix 和 Linux 之间的差异，但如果你有兴趣，Opensource.com[1]上有一篇很棒的文章，介绍了操作系统的历史和差异。关于 Unix 或 Linux，最重要的一点是它们存在多种不同的风格或版本。当今最常见的 Linux 发行版源自 Debian 或 Fedora。大多数 Unix/Linux 发行版都可以免费下载和使用，我们鼓励你选择一种 Linux 风格并开始尝试。

Unix/Linux 设备无处不在，其应用范围超乎你的想象。随着物联网(Internet of Things，IoT)的出现，Unix/Linux 已渗透到每个家庭和办公室。一些运行了 Unix/Linux 的较常见的办公设备包括打印机、A/V 系统和 VoIP 电话。如今，所有现代智能设备都在其内部运行某种形式的 Unix/Linux。随着联网家庭或办公室的概念在过去十年中不断发展，针对物联网攻击的数量也在增加。僵尸网络是利用受感染 IoT 设备最常见的手段。2016 年，攻击者利用 Mirai 僵尸网络对 Dyn 公司进行 DDOS 攻击，导致美国东部大部分在线基础设施瘫痪。

自 Unix/Linux 诞生以来，攻击者就一直在针对这些系统进行攻击，但主要不是通过恶意软件。大多数被攻破的 Unix/Linux 主机问题都源于操作系统或系统上托管的应用程序配置错误。由于大多数网站都运行在某种 Linux 发行版上，因此一个简单的 Web 应用程序配置错误就可能让潜在的攻击者获得对底层操作系统的凭证访问权限。

不过这里讨论的是终端设备。尽管互联网的大部分基础设施依赖于 Unix/Linux，但终端用户并未完全将 Linux 作为个人操作系统，主要原因是管理该操作系统的难度较大。如今，将 Linux 作为终端操作系统的最大用户群体集中在网络安全和软件开发社区。尽管存在用于管理多个 Unix/Linux 发行版的工具，但任何使用 Unix/Linux 的企业环境面临的最大挑战都是管理各种发行版。

1 https://opensource.com/article/18/5/differences-between-linux-and-unix.

与 MacOS 非常相似，Unix/Linux 也存在恶意软件，但并不普遍。最常见的情况是，Unix/Linux 系统受到系统上安装的工具和软件包的攻击。许多 Linux 发行版都预装了 Python 等编程语言。

Python 是一套非常强大的工具集，允许管理员和开发人员编写一些令人印象非常深刻的任务。遗憾的是，使 Python 成为强大管理工具的功能也使其成为攻击者最喜欢使用的工具集。Python 的受欢迎程度在过去几年中飙升，我们建议将 Python 课程添加到你的“待办事项”列表中。

4.6.4　其他终端

我们已经介绍了终端设备所用的三大操作系统类别，但还有一些值得一提的操作系统，我们先从移动设备开始介绍。根据 GSMA Intelligence 的 2023 State of Mobile Internet Connectivity Report(《2023年移动互联网连接状况报告》)[1]，46 亿人正在使用移动互联网。这几乎占世界人口的一半。这些移动设备包括手机、支持蜂窝网络的平板电脑和内置 Wi-Fi 热点的汽车。移动设备所用的操作系统有几种类型，分别是 Android、iOS 和 Linux。就像前面对终端的讨论一样，Unix/Linux 的漏洞与 Android/ Linux 移动操作系统共享。然而，iOS 更安全一些。这是因为苹果对用户安装不受信任的第三方软件的能力进行了限制。这被称为“围墙花园”策略。如果你控制了应用程序分发平台，则可以确保危险软件永远不会进入你的设备。随着立法机构强制立法将这些设备向不受制造商控制的其他应用商店开放，苹果的“围墙花园”方法预计将会失败。

我们来谈谈物联网(Internet of Things，IoT)设备，你家里很可能已经有这些设备了。IoT 是一个包罗万象的术语，用来指代智能设备。IoT 设备面临的最大风险是应用程序存在未加密漏洞。由于大多数 IoT 设备处于无人管理状态，因此我们不得不对开发这些产品的

---

1 https://data.gsmaintelligence.com/research/research/research-2023/the-state-of-mobile-internet-connectivity-2023.

人员寄予很大的信任。关于 IoT 设备安全漏洞的白皮书和文章数不胜数。如果你拥有智能设备，建议你在诸如 Exploit-db.com 和 Mitre.org 这样的网站上研究它们存在的安全漏洞。

我们将介绍的最后一款终端设备是 Google 的 Chromebook 和 ChromeOS。这是针对笔记本电脑市场发布的一种非常低成本的解决方案。Chromebook 运行的是 Linux 的定制版本，即 ChromeOS，它基于 Gentoo Linux 发行版。Google 声称 ChromeOS 是市场上最安全的操作系统。无论这一说法是否属实，系统的安全性都取决于所安装的应用程序。Google 已努力限制其系统上安装的应用程序，但仍存在绕过这些保护措施的方法。

4.7 小结

本章我们讨论了很多内容。首先我们讨论了网络，关键是要学会区分公有网络和私有网络。RFC1918 规定了被认为是私有网络地址空间的标准，了解这些非常重要！我们还讨论了常用的端口号。在 SOC 分析师面试中，常见的考题是让你匹配端口号和服务名称。

关于网络安全，我们希望你记住以下几点：防火墙在你的私有互联网地址空间周围划定了一个虚拟的边界，并定义了网络的边界。如果你知道什么是私有 IP 地址和公有 IP 地址，就能判断它是在边界内还是边界外，而防火墙就是用于创建这个边界的设备。

注意 网络中有一个概念称为“网络地址转换”(Network Address Translation, NAT)，它允许公有 IP 地址使用 NAT 表与私有 IP 地址进行通信。这是一个值得你自行研究的概念。

对于用户终端，终端安全主要分为三大类：Windows(占据最大市场份额)、MacOS(市场份额不断增长)和 Unix/Linux(排名第三)。此外，就安全性而言，移动和物联网设备也应单独考虑。

第 4 章　测验

① 下列关于 TCP/IP 模型的说法不正确的一项是________。

Ⓐ 它由七层组成　　Ⓑ 美国国防部采用了它

Ⓒ 它由四层组成　　Ⓓ 它于 1983 年发布

② ________地址为 32 位，________地址为 128 位。

Ⓐ IPv6, IPv4　　Ⓑ IPv6, IPv8

Ⓒ IPv2, IPv6　　Ⓓ IPv4, IPv6

③ TCP 依赖于称为________的已建立连接。

Ⓐ 两次握手　　Ⓑ 三次握手

Ⓒ UDP　　Ⓓ 加密

④ ________建立网络的边界，确保一般互联网无法访问私有网络。

Ⓐ 防火墙的访问控制列表(ACL)

Ⓑ 入侵检测系统(IDS)

Ⓒ 入侵防御系统(IPS)

Ⓓ 交换机

⑤ ________为数据添加唯一指纹，而________将数据从可读状态更改为不可读状态，目的是将其恢复为可读状态。

Ⓐ 哈希，加密　　Ⓑ 加密，哈希

Ⓒ 边界，哈希　　Ⓓ 加密，边界

⑥ 以下选项中，________是随着物联网(IoT)的出现而发展的。

Ⓐ MacOs　　Ⓑ Linux

Ⓒ Windows　　Ⓓ Raspberry PI

⑦ 以下选项中，________不能正确代表终端操作系统及其市场份额。

Ⓐ MacOs, 10%　　Ⓑ Windows, 87%

Ⓒ Unix/Linux, 2%　　Ⓓ Unix/Linux, 10%

第 4 章　测验答案

① 下列关于 TCP/IP 模型的说法不正确的一项是________。

Ⓐ 它由七层组成。

TCP/IP 模型由四层组成。OSI 模型由七层组成。

② ________地址为 32 位，________地址为 128 位。

Ⓓ IPv4, IPv6

IPv4 地址是 32 位，而 IPv6 地址是 128 位。

③ TCP 依赖于称为________的已建立连接。

Ⓑ 三次握手

TCP 依赖于称为三次握手的已建立的连接过程。

④ ________建立网络的边界，确保一般互联网无法访问私有网络。

Ⓐ 防火墙的访问控制列表(ACL)

防火墙及其访问控制列表(ACL)创建网络边界并确保一般互联网无法访问私有网络。

⑤ ________为数据添加唯一指纹，而________将数据从可读状态更改为不可读状态，目的是将其恢复为可读状态。

Ⓐ 哈希，加密

哈希会为数据添加唯一的指纹，而加密会将数据从可读状态更改为不可读状态，目的是将其恢复为可读状态。

⑥ 以下选项中，________是随着物联网(IoT)的出现而发展的。

Ⓑ Linux

大多数物联网设备都运行某种版本的 Linux 操作系统。

⑦ 以下选项中，________不能正确代表终端操作系统及其市场份额。

Ⓓ Unix/Linux，10%

对于端点操作系统的使用，Unix/Linux 仅占据约 2%的市场份额(尽管还在增长)。

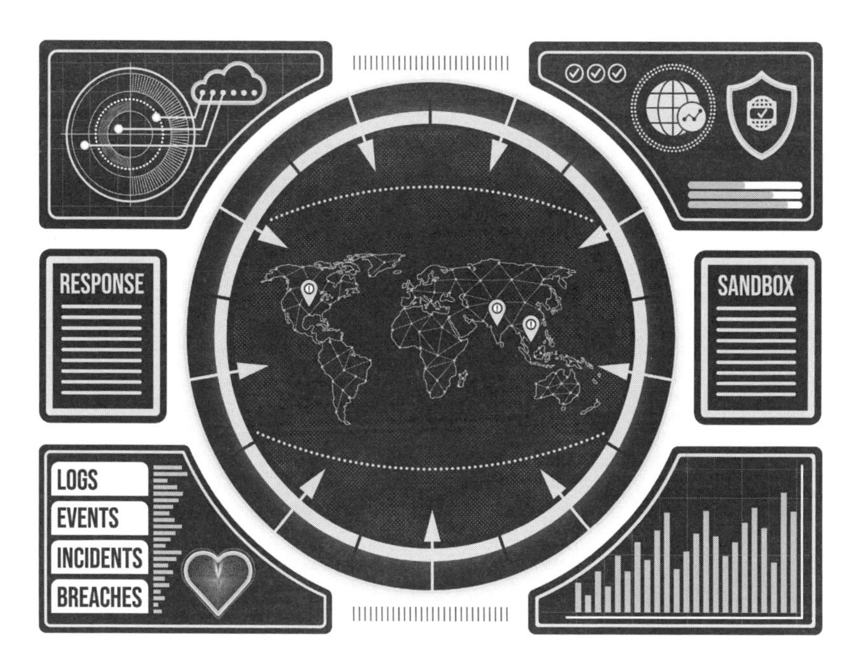
RESPONSE
SANDBOX
LOGS
EVENTS
INCIDENTS
BREACHES

第5章 SOC分析师

在本章中，我们将讨论作为SOC分析师需要注意的工具、需要理解的概念、常见的安全定义和零信任基础设施。

想象一下这样的场景：你走到办公楼的前门，刷卡进入，向每天都能见到的保安打招呼，同时想着圣诞节该送他什么礼物。因为你经常忘记佩戴工牌，所以有时得麻烦他帮你弄个临时工牌，一来二去也就会和他聊上几句。你知道他有一个小男孩，而且他非常喜欢“风火轮”玩具。你一边想着这些，一边跟他说了声“祝你今天过得愉快”，然后你走向电梯，准备去你所在的楼层。你刷了电梯卡才能进入电梯，因为你的楼层是锁着的，只有获得批准的人才能进入。电梯到了你的楼层后，你走向楼层的中心区域，那里是安全运营中心(Security Operation Center，SOC)的所在地，你又要刷一次卡才能进入公共区域，因为你有进入这个区域的权限，销售和工程团队的工位就设在这里。当你继续走向房间中央的安全运营中心时，发现有两道安全门，它们之间相隔几英尺。这种设置被称为“人身陷阱”，它可以在两道门之间困住一个人，以便他不该在那里出现时，保安可以将其带出建筑物。你在第一道门刷卡，然后瞬间有些焦虑，担心锁坏了或者你的工牌突然失效，你就会被困在这个“人身陷阱”里，像是身处某种恐怖实验中。你再次尝试刷卡，成功通过第二道门，进入了安全的核心地带：安全运营中心！这里很暗，有窗户，但所有窗户都被百叶窗遮住了。这种气氛有些诡异，因为只有窗户需要清洁时才会打开百叶窗。你环顾四周，抬头一看，瞬间感觉自己身处前线，因为天花板边上的电视屏幕实时显示着公司全球范围内和世界各地发生的事件。你沉浸在自己的角色中，向朋友们打声招呼，然后开始工作。

注意 这是我们供职的托管安全服务提供商的真实 SOC。他们会定期带客户来，向其展示他们对安全的重视程度。有时感觉就像被人盯着的鱼缸里的鱼一样，但这让我对自己所做的事情感到自豪。

5.1 SIEM

作为一名安全分析师，你首先需要了解的工具就是安全信息与事件管理(Security Information and Event Management，SIEM)工具，以及它在你工作中所发挥的作用。SIEM 是 SOC 的核心。一切设备上的操作都可以生成日志。没有日志，就没有安全分析师；没有日志，也就没有安全。当来自全球各地的设备生成日志时，理想的做法是将它们发送到一个集中点，便于统一观察和衡量。这一概念被称为“单一控制面板”(single pane of glass)，理想情况下，它就是 SOC 可以操作的唯一界面，不需要通过多个浏览器和窗口来处理安全事件的审查。“单一控制面板”就是 SIEM。

除了收集日志，SIEM 还会对日志进行规范化处理，也就是说将它们转换为正确的格式。每个 SIEM 都有其独特的“秘方”或专有技术，用于从数十亿条日志中挑出可疑的内容。但在基本层面上，无论是供应商还是用户(或二者共同)都会创建规则，当任何日志符合特定条件时，系统就会告警。下一代 SIEM 平台还具备用户实体和行为分析(User Entity and Behavior Analytic，UEBA)功能，它尝试监控所有用户生成的日志，建立一个被视为正常行为的活动基线。

当用户行为异常时，系统就会告警。

新一代 SIEM 平台还正逐渐向案件管理工具转变。当有多个看似相关的告警时，平台可以提供一种方法，将这些告警合并在一起，并以一种有意义且易于使用的方式跟踪证据和进行调查。

此外，新一代 SIEM 平台还在向集成自动化迈进。安全编排、自动化与响应(Security Orchestration, Automation, and Response，SOAR)在业界迅速流行，有望成为下一个“单一控制面板”。

5.2　防火墙

除了 SIEM 和 SOAR，你还可能接触到防火墙。防火墙及其工程本身就是一个独立的专业领域，了解防火墙领域的主要厂商非常重要，其中包括思科(Cisco)、Checkpoint、Fortinet、Palo Alto、Juniper 和 SonicWall。作为一名安全分析师，你可能需要负责对某个 IP 地址执行防火墙阻断，或者提出阻断请求。这意味着你通过安全分析师所采用的工具和技术，判断该 IP 地址具有恶意性，并希望阻断该 IP 地址与内部网络之间的通信。

5.3　IDS/IPS

你还需要了解什么是入侵防御系统(Intrusion Prevention System，IPS)和入侵检测系统(Intrusion Detection System，IDS)。“防御”系统允许设备在事件发生时采取行动，而“检测”系统则只允许检测事件，并不进行干预。大多数入侵防御系统可以充当入侵检测系统，反之亦然，主要区别在于是否对其进行阻止。图 5-1 是一个基本的示意图，展示了两台计算机之间的通信以及 IDS 如何作为被动监控系统进行工作。

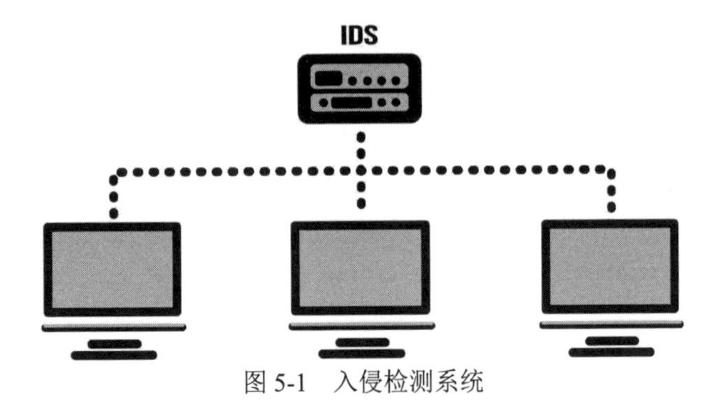

图 5-1　入侵检测系统

入侵检测系统(Intrusion Detection System，IDS)可以通过“内联”方式或网络分路器(network tap)来进行部署，图 5-1 中展示了网络分路器的连接方式。网络分路器允许设备监控网络流量，但不会影响带宽。通过分路器部署的入侵检测系统无法采取预防性措施，因为它们无法控制流量的传输。

图 5-2 展示了两台计算机之间的通信，以及在“主动”场景下入侵防御系统(Intrusion Prevention System，IPS)如何在网络中发挥作用。由于入侵防御系统以“内联”的方式部署在网络中，因此它能够改变这两台设备之间的流量传输，从而实现阻断或控制恶意流量。

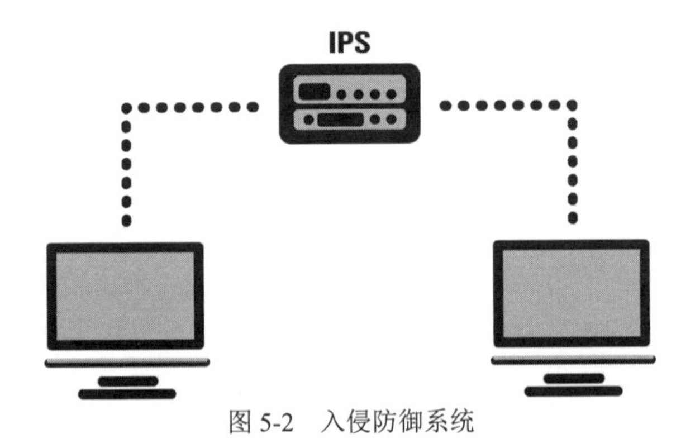

图 5-2　入侵防御系统

入侵防御系统(Intrusion Prevention System，IPS)必须像图 5-2 所示那样进行部署。大多数现代入侵防御系统会将一些规则设置为“采取行动”，而将另一些规则设置为仅用于监控。这类系统被称为入侵检测和防御系统(Intrusion Detection and Prevention System，IDPS)。它们结合了检测和防御功能，既可以监控流量，又可以根据预定规则主动采取措施以阻止恶意活动。

5.4　沙箱

你可能还会接触到沙箱(sandbox)工具。当你听到有人问“你是否在沙箱中执行过操作？”时，他们的意思是你是否在受保护的环境中执行了某个文件或打开了某个网站，以了解其行为。许多终端检测软件会代表你“引爆”文件，以判断它是否存在恶意，但没有什么能比得上来自 Hybrid Analysis 或 Joe Sandbox 的详细报告。这些工具旨在充分挖掘执行信息，以获取尽可能多的细节。作为 SOC 分析师，你主要使用这些工具来提取失陷指标，例如，所丢弃文件的哈希值、它所联系的 IP 地址和域名，随后将这些信息输入你的 SIEM，以查看是否存在历史关联。

5.5　术语

身为 SOC 分析师，在日常工作中，你可能会遇到一些不完全统一的术语，这些术语的含义可能有些模糊。根据我们的综合经验，以下是这些术语的最佳定义。图 5-3 展示了各类术语在数量上的排序图表。

图 5-3　量级漏斗图

译者注:

在网络安全领域中，术语 “security event” (安全事件)、“security incident” (安全事故)和 “security breach” (安全泄露)有着不同的含义，不过，它们常常被混淆。以下是它们的详细区别。

1. Security Event(安全事件)

安全事件指的是在系统或网络中发生的任何引人注意的安全相关活动。这类活动并不一定表示系统受到攻击或出现安全问题，而是包括所有可能影响系统安全的行为。

特征：安全事件通常是日常发生的活动，可能是正常的用户登录、文件访问、网络请求等。任何可能对系统的机密性、完整性或可用性产生影响的活动都可以被视为安全事件。

实例：一个员工登录到公司网络、更新密码，或者使用新的设备访问系统等，都可以被记录为安全事件。

重要性：安全事件通常不会被立即当成问题处理，可能只是被记录下来，以备未来分析或审核之用。

2. Security Incident(安全事故)

安全事故是指对信息系统、网络或数据产生了潜在威胁或破坏性影响的事件。这些事件超出了正常的安全事件范围，可能包含攻击、异常行为或可疑活动等，表明系统安全受到了威胁。

特征：安全事故会触发安全团队的调查，可能导致进一步分析和响应。通常，安全事故意味着系统可能已经受到威胁或攻击，但数据尚未丢失或泄露。

实例：发现未经授权的访问尝试、网络中的恶意流量、不正常的网络流量模式等情况。

重要性：安全事故需要及时调查和应对，以阻止进一步的攻击或防止潜在的损害。

3. Security Breach(安全泄露)

安全泄露是指安全事故演变成更严重的后果，导致数据或系统机密性、完整性、可用性受到实际损害。换句话说，安全泄露意味着攻击成功，数据已被窃取、破坏、泄露或系统已遭入侵。

特征：安全泄露意味着攻击者成功地访问了敏感信息或系统资源，可能导致数据被泄露、文件被篡改、服务被中断等。安全泄露通常会引发公司或组织启动法务或合规程序。

实例：客户数据被窃取、数据库中的敏感信息被泄露、文件系统被篡改、网络服务被入侵并导致数据被公开。

重要性：安全泄露是最严重的安全问题，需要立即响应并进行修复。企业通常会进行事件后的审查，以了解泄露的根本原因并加强未来防护措施。

5.5.1　安全日志

最常见

安全计划的基础是安全日志。这些日志可能涉及任何事物及其相关信息。SOC 希望捕获的重要安全日志包括网络流量日志、Windows 事件日志、Unix 系统日志和防火墙日志等。安全事件往往可以通过多个安全日志串联起来。

5.5.2 安全事件

常见

安全事件(Security Event)是工具所执行的日常例行安全监控所产生的结果。它们非常常见，几乎所有安全工具的通知都源自安全日志生成的安全事件(漏洞扫描器除外)，并根据需要升级。安全事件必须升级为安全事故，然后才能采取应对措施。当安全事件升级为事故时，将触发事件响应流程，并指派专人负责处理。

5.5.3 事故

不常见

安全事故(Incident)并不常见，但比安全泄露更常见。如果怀疑敏感数据丢失，就会宣布发生事故，并启动事件响应流程。

什么不是事故：尚未升级的安全事件和漏洞。

5.5.4 安全泄露

少见

安全泄露(Security Breach)涉及敏感个人信息的数据丢失，一旦确认发生这种数据泄露，通常需要法务部门和首席信息安全官(Chief Information Security Officer，CISO)宣布为安全泄露。作为一名刚入职的分析师，除非得到明确指示，否则不应随意使用“泄露”这一术语。在大多数情况下，泄露需要向客户甚至公众发出泄露通知，并且处理过程需要格外谨慎。

所有的安全泄露最初都是从事件开始的。

5.6 概念

5.6.1 事件响应计划

身为分析师，你通常会处理并解决安全事件；然而，有时安全事件会超出安全运营中心(Security Operation Center，SOC)日常应对的范围，这时需要启动事件响应计划(Incident Response Plan，IRP)，并由专门的事件响应团队(Incident Response Team，IRT)接管调查。理解事件响应流程对你而言非常重要。

事件响应过程是企业为管理和减轻安全泄露影响而制定的结构化方法。这个关键过程旨在最大限度地减少损害，缩短恢复时间和降低成本，并防止未来出现事故。通过遵循明确的响应计划，组织可以迅速识别漏洞，评估泄露的范围，并实施有效的对策。在当今日益复杂和不断演变的网络威胁环境中，这种主动和反应的策略对于维护信息资产的完整性、机密性和可用性至关重要。

美国国家标准与技术研究院(National Institute of Standard and Technology，NIST)事件响应生命周期[1]是一个通用且得到广泛认可的标准。它分为四个阶段：准备；检测和分析；遏制、根除和恢复；以及事故后活动。

准备阶段是事件响应生命周期中最重要和最具影响力的阶段。在这一阶段，组织制定了应对安全泄露的基础策略，为事件响应团队及整个组织定义培训和意识提升计划。通过在事故发生之前做好准备，企业可以增强应对网络威胁的韧性。这种主动的应对方法意味着，当事故发生时，可以最大限度地减少对运营、声誉和财务的影响。

1 https://nvlpubs.nist.gov/nistpubs/specialpublications/nist.sp.800-61r2.pdf.

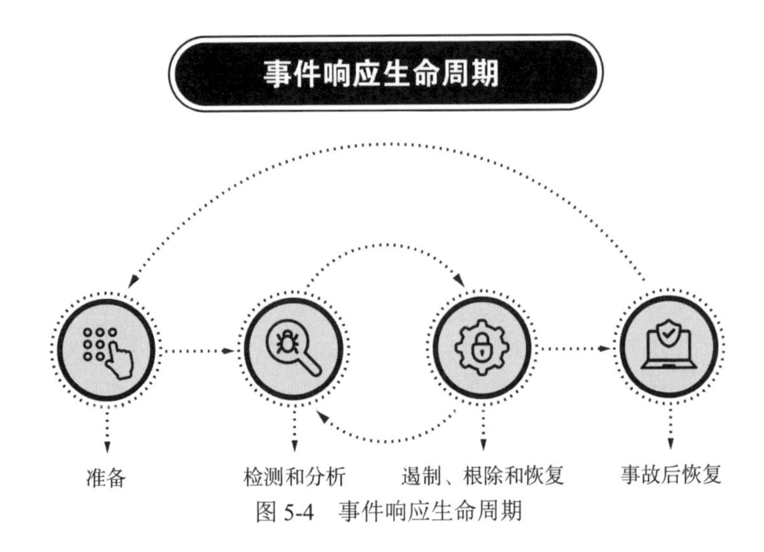

图 5-4　事件响应生命周期

检测和分析阶段是安全运营中心(SOC)的重点工作。需要牢记，早期检测至关重要，越早发现安全事故，越能有效地进行遏制和修复。拥有详细且全面的事件响应计划将有助于提升快速响应能力。该计划应明确规定如何优先处理安全事故、升级程序以及在事故确认后应向组织领导层汇报的人员。这确保了在发现问题时，团队能够迅速做出反应并采取适当的行动。

一旦宣布发生安全事件，遏制、根除和恢复阶段就开始了。这一阶段的首要目标是准确识别攻击者的入侵方法以及入侵后的行为，并据此制定“止血”计划，从而实现遏制。接下来采取的行动是根除攻击者获得的访问权限，这可能包括将受勒索软件感染的终端从网络中移除、重置被泄露的密码或在防火墙中添加网络阻断规则。每次事故对应的具体操作都会有所不同，要求事件响应人员具备批判性思维，确保没有遗漏任何关键步骤。

最后，制定并执行恢复计划。通常，这包括识别最初的入侵方法，并堵住漏洞，确保不再发生类似事件。恢复工作在所有受影响的系统、网络和用户账户恢复到事故前的正常运行状态后才被视为完成。同时，为安全运营中心(SOC)引入新的安全检测机制以监控事故后的情况也至关重要。在对最新的安全控制措施和检测机制进行广泛测试后，才能进入最后一个阶段。

事故后活动阶段是对响应过程进行分析，以识别任何改进的机会。这类似于经验丰富的人员进行的“行动后回顾”(After Action Review，AAR)。通常，事故指挥官或经理会与所有参与者会面，回顾采取的步骤，识别有效的做法和需要改进的地方，并为高层领导制定报告。这一步可能会导致事件响应计划的更新、加强安全措施或通过工具或检测机制填补之前未发现的安全漏洞。最后是知识分享。许多组织是网络安全工作组的成员，例如，由国防部主办的国防工业基地(Defense Industrial Base，DIB)。DIBnet 是一个安全门户，DIB 的成员公司可以通过该门户分享事故报告、失陷指标和经验教训，并通过协作来增强整个社区的安全性。

5.6.2　MITRE ATT&CK 框架

战术、技术和程序 (Tactic, Technique and Procedure，TTP) 描述了在扩大威胁和计划网络攻击的过程中对应的三个阶段。战术代表采用某种攻击技术的“原因”和执行操作的原因。技术代表对手通过执行操作来实现战术目标的“方式”。程序是对手所使用技术的具体实现。

注意　战术、技术和程序(TTP)是你应该了解的一个常见行业术语。

由 MITRE 公司开发的 ATT&CK 框架[1]是一个知识库，描述了基于现实世界观察的网络对手战术、技术和程序。它是最常用于管理层的指标，用于将组织中发现的攻击进行分类，从而知道在哪些方面可以改善安全态势。对分析师来说，熟悉这个框架也很重要，以便在需要时知道如何对事件进行分类。不过，你不需要记住所有内容，相关信息都可以在官网上查阅。

1 https://attack.mitre.org/.

如果你看不懂图 5-5，也没关系。但如果你访问该网站，它看起来就是这样的。MITRE ATT&CK 框架的关键组件包括：

图 5-5　ATT&CK 企业矩阵

1. 战术(Tactic)

战术是指在攻击过程中，对手试图实现的高级目标或目的。其示例包括初始访问、执行、持久化、权限提升、防御规避、凭证访问、发现、横向移动、收集、数据渗出和影响。这些目标位于图 5-6 的顶部。

2. 技术(Technique)

对手用于实现特定战术的具体方法或途径。技术比战术更加详细和具体。例如，在“执行”战术中，可能包括诸如命令行界面、脚本编写或远程服务漏洞利用等技术(见图 5-7)。

Tactic

Initial Access	Execution	Persistence	Privilege Escalation
9 techniques	10 techniques	18 techniques	12 techniques
Drive-by Compromise	Command and Scripting Interpreter (6)	Account Manipulation (3)	Abuse Elevation Control Mechanism (4)
Exploit Public-Facing Application	Exploitation for Client Execution	BITS Jobs	Access Token Manipulation (5)
External Remote Services	Inter-Process Communication (2)	Boot or Logon Autostart Execution (11)	Boot or Logon Autostart Execution (11)
Hardware Additions	Native API	Boot or Logon Initialization Scripts (5)	Boot or Logon Initialization Scripts (5)
Phishing (3)	Scheduled Task/Job (5)	Browser Extensions	Create or Modify System Process (4)
Replication Through Removable Media	Shared Modules	Compromise Client Software Binary	Event Triggered Execution (15)
Supply Chain Compromise (3)	Software Deployment Tools	Create Account (3)	Exploitation for Privilege Escalation
Trusted Relationship	System Services (2)	Create or Modify System Process (4)	Group Policy Modification
Valid Accounts (4)	User Execution (2)	Event Triggered Execution (15)	Hijack Execution Flow (10)
	Windows Management Instrumentation	External Remote Services	Process Injection (11)
		Hijack Execution Flow (10)	Scheduled Task/Job (5)
		Implant Container Image	Valid Accounts (4)

图 5-6　MITRE ATT&CK 战术

Initial Access	Execution	Persistence	Privilege Escalation	Defense Evasion
9 techniques	10 techniques	18 techniques	12 techniques	34 techniques
Drive-by Compromise	Command and Scripting Interpreter (6)	Account Manipulation (3)	Abuse Elevation Control Mechanism (4)	Abuse Elevation Control Mechanism (4)
Exploit Public-Facing Application	Exploitation for Client Execution	BITS Jobs	Access Token Manipulation (5)	Access Token Manipulation
External Remote Services	Inter-Process Communication (2)	Boot or Logon Autostart Execution (11)	Boot or Logon Autostart Execution (11)	BITS Jobs
Hardware Additions	Native API	Boot or Logon Initialization Scripts (5)	Boot or Logon Initialization Scripts (5)	Deobfuscate/Decode Files or Information
Phishing (3)	Scheduled Task/Job (5)	Browser Extensions	Create or Modify System Process (4)	Direct Volume Access
Replication Through Removable Media	Shared Modules	Compromise Client Software Binary	Event Triggered Execution (15)	Execution Guardrails
Supply Chain Compromise (3)	Software Deployment Tools	Create Account (3)	Exploitation for Privilege Escalation	Exploitation for Defense Evasic
Trusted Relationship	System Services (2)	Create or Modify System Process (4)	Group Policy Modification	File and Directory Permissio Modification (2)
Valid Accounts (4)	User Execution (2)	Event Triggered Execution (15)	Hijack Execution Flow (10)	Group Policy Modification
	Windows Management Instrumentation	External Remote Services	Process Injection (11)	Hide Artifacts (4)
		Hijack Execution Flow (10)	Scheduled Task/Job (5)	Hijack Execution Flow (10)
		Implant Container Image	Valid Accounts (4)	Impair Defenses (5)
		Office Application Startup (6)		Indicator Removal on Host
		Pre-OS Boot (3)		Indirect Command Execution
		Scheduled Task/Job (5)		Masquerading (6)
				Modify Authentication Process (2)
				Modify Registry

Techniques

图 5-7　MITRE ATT&CK 技术

3. 程序(Procedure)

对手在现实场景中如何实施技术的具体实例或示例。这些实例都包含在每种技术的描述中，如图 5-8 所示。

Procedure Examples

ID	Name	Description
G0073	APT19	APT19 downloaded and launched code within a SCT file.[4]
G0050	APT32	APT32 has used COM scriptlets to download Cobalt Strike beacons.[5]
G0067	APT37	APT37 has used Ruby scripts to execute payloads.[6]
G0087	APT39	APT39 has utilized AutoIt and custom scripts to perform internal reconnaissance.[7][8]
S0234	Bandook	Bandook can support commands to execute Java-based payloads.[9]
S0486	Bonadan	Bonadan can create bind and reverse shells on the infected system.[10]
S0023	CHOPSTICK	CHOPSTICK is capable of performing remote command execution.[11][12]

图 5-8　MITRE ATT&CK 程序

4. 缓解(Mitigation)

每种技术中都有建议和最佳实践，以防御或尽量减少特定技术造成的影响。

5. 团体(Group)

每种技术中都有研究人员确定的对抗团体或威胁行为者，以及有关他们采用的战术、技术和程序的信息。

6. 软件(Software)

每种技术中都有与对手活动相关的特定恶意软件、工具或软件。

MITRE ATT&CK 框架在网络安全社区中被广泛用于威胁情报、红队、蓝队、检测工程和事故响应。

5.6.3　网络杀伤链

网络杀伤链(Cyber Kill Chain)是另一个类似 MITRE ATT&CK 的框架，用于映射对手行为并开发对策模型。网络杀伤链是一个概念，描述了对手成功实施网络攻击通常要经历的阶段。最初由国防承包商洛克希德·马丁公司提出，随后成为网络安全领域广泛采用的框架。网络杀伤链帮助组织理解和分析网络攻击的各个阶段，使其能够在每个阶段实施有效的防御机制。

传统网络杀伤链由以下阶段组成(见图 5-9)。

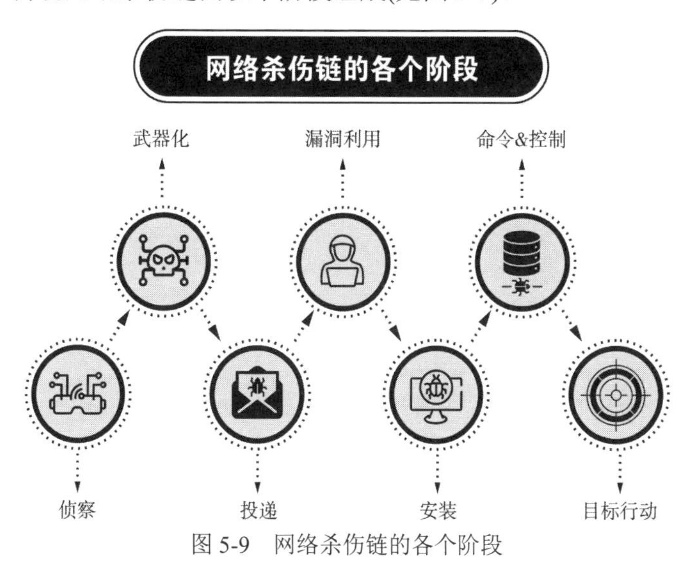

图 5-9　网络杀伤链的各个阶段

1. 侦察(Reconnaissance)

攻击者收集目标信息，例如，识别潜在漏洞、员工姓名和网络架构。这既包括被动方法(例如，在线研究)，也包括主动方法(例如，扫描开放端口)。

2. 武器化(Weaponization)

攻击者通常以恶意软件或恶意载荷的形式创建或获取一种武

器，旨在利用特定的漏洞。

3. 投递(Delivery)

攻击者将武器投递至目标环境。这可能通过多种方式实现，例如，电子邮件附件、恶意链接或利用软件漏洞。

4. 漏洞利用(Exploitation)

武器被执行后，利用目标系统的漏洞来实现其恶意目标。此阶段通常涉及获取对目标系统的未经授权的访问或控制。

5. 安装(Installation)

攻击者通过安装其他工具、后门或恶意软件从而在目标环境中建立持久化。这使他们能够保持对受感染系统的访问和控制。

6. 命令和控制(C2)

攻击者与受感染系统建立通信信道，以远程控制和管理攻击。这可能涉及接收指令、渗出数据或传递其他有效载荷。

7. 目标行动(Actions on Objective)

攻击者达成了他们的最终目标，这可能包括数据窃取、系统破坏或其他恶意活动。这个阶段可能会根据攻击者的动机而有所不同，例如，财务收益、间谍活动或激进主义等。

并非所有攻击都会按固定顺序遵循这些阶段，防御者可以在不同环节中断杀伤链，以预防或减轻攻击带来的影响。理解网络杀伤链很有价值，尽管 MITRE 框架更为常见，但网络杀伤链在某些场合仍被提及，并且从概念上讲，杀伤链可能比 MITRE 框架更容易理解。你只需知道它是另一个类似于 MITRE ATT&CK 框架的模型，用于映射攻击者以帮助制定对策。

5.6.4　OWASP Top 10

OWASP 代表开放网络应用安全项目(Open Web Application Security Project)，是一个致力于改善软件安全的非营利基金会。该组织在全球拥有超过 250 个线下分会，可能在你附近也有一个。你可以考虑参加一些活动，这是一种与人交流、拓展人脉的好方式。

OWASP 发布了一份名为“Top 10”的报告，描述了十大网络应用安全风险。熟悉这些风险对你来说很重要。我在面试中曾被要求解释跨站脚本攻击(Cross-Site Scripting，XSS)或 SQL 注入(SQL-Injection，SQLi)。OWASP Top 10 的技能很难通过书本学习，最好的学习方式是通过实践操作。我建议你参阅 TryHackMe 上的 OWASP Top 10 实验：https://tryhackme.com/room/owasptop10。

TryHackMe 是一个提供免费订阅服务的在线平台，通过简短、游戏化的真实实验来教授网络安全。如果你是 TryHackMe 的新手，我建议你注册一个免费账户，浏览平台以了解房间和实验室的运作方式。虽然他们有一个 Discord 聊天频道，但我建议你跳过它。该频道过度管理，可能会影响你的学习进度。TryHackMe 是一个很棒的平台，我不希望过于热心的聊天管理员破坏你的学习体验。

5.6.5　零信任

零信任(Zero Trust)是一种安全策略，在这种策略中，无论是网络内部还是外部的人员或设备，都不会被自动信任。与传统假设进入网络后所有事物都是安全的方式不同，在允许访问敏感数据之前，零信任策略会持续检查和验证用户身份、设备健康状况以及场景背景等因素。以下是零信任的基本原则：

1. 验证身份(Verify Identity)

在允许人员、设备或系统访问重要数据之前，务必检查并确保其真实身份或所声称的身份。

2. 最小权限访问

仅向人员或设备授予完成工作所需的最低限度的访问权限。不要授予超出必要的权限。

3. 微隔离(Micro-Segmentation)

将你的网络划分为更小的部分，并控制它们之间的通信方式。这样，如果一个部分出现问题，就不会影响其他部分。

4. 持续监控

时刻关注人员和设备的行为。如果发现有什么异常或不正确的地方，及时检查并采取行动。

5. 上下文访问控制

根据上下文决定谁可以获得访问权限，例如，他们所处的位置、时间以及他们想要访问的数据的重要性。

6. 加密(Encryption)

确保信息受到加密保护，使任何不应该看到它的人都无法读取它。

7. 动态策略执行

始终准备根据发生的情况调整你的安全规则。保持灵活性，以适应新的威胁或情况。

这些原则构成了零信任模型的基础。由于如今数据无处不在，零信任模型正在迅速被广泛采用。大多数企业网络不再像过去那样有明确的边界，唯一保护数据授权访问的方法是密切关注谁在何时访问了什么数据，而我们通过实施零信任模型来实现这一点。

零信任：永不信任，始终验证。

5.7　小结

当你第一天开始新工作时，即使只听说过其中一些技术、概念和方法论，也会对你有很大帮助，更不用说在面试过程中理解它们对你会有多大帮助了。如我所述，SIEM(安全信息和事件管理)是今天作为 SOC(安全运营中心)分析师需要掌握的最重要工具。未来，更多的单一控制面板将由 SOAR(安全编排、自动化和响应)平台驱动，但它们可能会是一个结合产品——SIEM/SOAR 产品，并作为单一控制面板来使用。

第 5 章　测验

① ________提供近乎实时的安全告警分析，让安全专家能够了解其网络概况。

Ⓐ SIEM　　Ⓑ IPS

Ⓒ IDS　　Ⓓ SOAR

② ________监控所有用户并建立被视为正常的活动基线，然后在某人的活动超出该范围时告警。

Ⓐ SIEM　　Ⓑ SOAR

Ⓒ UEBA　　Ⓓ IPS

③ ________允许预定义的剧本自动运行以解决常见的安全问题，从而让工作人员能够腾出时间去处理更具挑战性和更有兴趣的项目。

Ⓐ UEBA　　Ⓑ SIEM

Ⓒ IDS　　Ⓓ SOAR

④ 常见的防火墙厂商有以下几个，除了________。

Ⓐ Super Sonic　　Ⓑ Cisco

Ⓒ Checkpoint　　Ⓓ Palo Alto

⑤ ________允许设备根据需要采取行动来控制网络活动流。

Ⓐ IDP　　Ⓑ IPS

Ⓒ SOAR　　Ⓓ SIEM

⑥ ________允许检测，而不是干预。

Ⓐ IDS　　Ⓑ IPS

Ⓒ SIEM　　Ⓓ UEBA

⑦ 在受保护的环境中打开或执行一个文件以了解它的作用时，这种动作称为________。

Ⓐ 影子拳击(Shadow Boxing)　　Ⓑ 加密(Encryption)

Ⓒ 沙箱(Sandboxing)　　Ⓓ 事故(An Incident)

（译者注：在网络安全中，影子拳击用来描述一种策略，即通过模拟攻击或防御来测试和改善安全措施，而不是真实的攻击。）

⑧ 除非特别指示，否则不应使用术语________。

Ⓐ 事故(Incident)　　Ⓑ 泄露(Breach)

Ⓒ 安全事件(Security event)　　Ⓓ 日志(Log)

⑨ 如果怀疑有敏感数据丢失，则________会启动事件响应流程。

Ⓐ 事故(Incident)　　Ⓑ 泄露(Breach)

Ⓒ 事件(Event)　　Ⓓ 日志(Log)

第 5 章　测验答案

① ________提供近乎实时的安全告警分析，让安全专家能够了解其网络概况。

Ⓐ SIEM

安全信息和事件管理(SIEM)平台提供安全告警的实时分析，使安全专家能够了解其网络的概况。

② ________监控所有用户并建立被视为正常的活动基线，然后在某人的活动超出该范围时告警。

Ⓒ UEBA

用户和实体行为分析监控所有用户并建立被认为是正常的活动基线，然后在某人的活动超出基线时告警。

③ ________允许预定义的剧本自动运行以解决常见的安全问题，从而让工作人员能够腾出时间去处理更具挑战性和更有兴趣的项目。

Ⓓ SOAR

安全编排自动化和响应(SOAR)工具允许预定义的剧本针对常见的安全问题自动运行，从而让工作人员能够腾出时间处理更具挑战性和更有兴趣的项目。

④ 常见的防火墙厂商有以下几个，除了________。

Ⓐ Super Sonic

Super Sonic 并不是一家常见的防火墙供应商。一个听起来类似的名称是“SonicWall”。

⑤ ________允许设备根据需要采取行动来控制网络活动流。

Ⓑ IPS

入侵防御系统(IPS)在网络上部署时可以控制网络流量的流动。

⑥ ________允许检测，而不是干预。

Ⓐ IDS

入侵检测系统(IDS)允许检测，而不是干预。

⑦ 在受保护的环境中打开或执行一个文件以了解它的作用时，这种动作称为________。

Ⓒ 沙箱(Sandboxing)

沙箱是一个受保护的环境，人们可以在其中安全地执行潜在的恶意文件和 URL，以衡量它们的执行方式和作用。

⑧ 除非特别指示，否则不应使用术语________。

Ⓑ 泄露(Breach)

通常，“泄露”一词是合同术语，除非另有明确说明，否则应避免使用。

⑨ 如果怀疑有敏感数据丢失，则________会启动事件响应流程。

Ⓐ 事故(Incident)

事故会启动预定义的事件响应流程(IRP)，并且通常会从事件响应团队(IRT)中指派一名事件处理人员来处理事件。

第 6 章

云端SOC

本章由马修·彼得森(Matthew Peterson)撰写

过去几年中，云计算的使用率大幅提高，且几乎没有放缓的迹象。全球疫情加速了向居家办公商业模式的转型，这一转型不仅进一步推动了这一趋势，还暴露了企业组织依赖本地基础设施的关键弱点。

企业正迅速意识到数字化转型的必要性，而云计算使用率正逐步成为保持竞争力的关键。然而，值得注意的是，迁移到云端应有适当的业务理由和策略。如果没有经过全面的成本效益分析并得到业务驱动因素支持而进行云迁移，可能会带来意想不到的挑战和成本，最终可能使企业受损，甚至威胁其生存。然而，这些潜在风险不应阻碍企业采用云策略。

业务停滞不前很少能取得成功，因此了解传统 IT 模式固有的弱点非常重要。随着业务发展到更大的数据中心，简单的服务器机柜带来的相关成本很快就会变得难以管理。维护 IT 基础设施不仅包括升级硬件以外的费用，组织还必须考虑电源、灾难恢复站点、人员配备需求以及认证和保障等合规要求。

许多组织尝试通过使用数据中心虚拟化优化现有硬件来应对这些挑战。虽然这种策略可以提高 IT 效率，但物理基础设施仍然留在企业内部。云计算的兴起为进一步优化提供了机会，使组织能够将数据中心完全转移到企业外部。

将 IT 基础设施外包给云服务提供商，使企业能够采用“按使用付费”的模式，类似于水电等公用设施。不再需要担心现场维护数据中心、网络或硬件，企业可以专注于其主要业务目标或使命。

当企业使用云计算时，可以通过互联网访问数据、应用程序和服务，从而消除了与硬件、运营开销和人员配置相关的顾虑。这让企业能更快地运营、减少停机时间、提升安全性，同时节省成本。

要理解其可行性，需要对云相较于传统基础设施的独特之处有基本了解(见图 6-1)。

有效利用云是获取其优势的关键。仅将应用程序迁移到云端并不会自动节省成本，甚至可能花费更多成本。使用云能否节省成本取决于你对其使用方式的了解。云平台提供了用于控制和监控使用量的工具，但管理仍然是你的责任。云服务提供商是以盈利为目标的，因此尽管他们可能提供用于节省成本的方法，但不会替你管理使用情况。

云计算是一种可以满足各种需求的可定制工具。它提供了多种在线存储和管理数据的方法，称为云服务模型。主要有三种类型，如图 6-2 所示。

软件即服务(Software as a Service，SaaS)：是互联网上最顶层的服务。如果你使用过 Gmail、YouTube 或 Dropbox，那么你就体验过 SaaS。你可以在线访问这些解决方案，提供商会处理所有技术问题，使用起来非常方便。但代价是，你需要将解决方案的部分控制权交给提供商。

平台即服务(Platform as a Service，PaaS)：与 SaaS 类似，但专注于创建新应用程序。你获得的是一个用于在线构建应用的平台，而非现成的软件。开发者可以创建自定义解决方案，而不需要关注底层基础设施组件，如操作系统。然而，这种方法的主要缺点在于，当需要切换到其他 PaaS 提供商时，定制的应用程序可能难以适应新的提供商，从而导致迁移困难且成本高昂。

云服务提供商
与
传统本地部署

资源池

云将物理资源抽象为池，并根据需求动态分配给客户。这可以提高利用率和效率，因为资源可以随着需求的变化而轻松重新分配。

IT资源的更改通常需要IT人员的手动干预，这可能非常耗时。这可能涉及物理设置、配置和部署，可能需要花费数小时到数周的时间。

自助服务

提供自助服务门户，用户只需进行极少的IT干预即可配置和管理资源。这大大减少了基础设施变更所需花费的时间，从而能够快速部署应用程序和服务。

通常，访问仅限于公司网络，远程访问需要用到VPN或特殊配置。这可能会给远程 工作和从不同设备进行访问带来一些麻烦和复杂性。

广泛的网络访问

云端资源专为广泛的网络访问而设计，可通过互联网从任何地方、任何具有互联网连接的设备访问，是远程工作和移动访问的理想选择。

扩展基础设施需要购买和安装额外的硬件，这可能很慢而且成本高昂。这可能会导致过度配置以适应峰值负载，从而导致在非峰值期间浪费资源。

快速弹性

允许资源动态扩展以满足需求。这可以自动完成或仅需最少的操作，从而确保应用程序在需要时拥有所需的资源，而无需为闲置容量付费。

资源被物理分配给特定任务或部门，难以在整个组织内共享。这可能导致某些区域资源未被充分利用，而其他区域可能面临资源短缺的情况。

按使用量付费

采用按使用量计费的运营支出 [OpEx] 模式。这意味着成本与使用量直接挂钩，使费用可预测，并使成本与业务需求和增长保持一致。从资本支出到运营支出的转变可以释放资本，以用于其他投资。

资本支出 [CapEx] 模式，即预先支付基础设施费用，这会导致进行大量的初始投资并产生持续的维护成本。利用率不会直接影响这些成本。

图 6-1　云服务模型与本地服务模型

图 6-2　云服务模型

基础设施即服务(**Infrastructure as a Service，IaaS**)：这是大多数人提到云计算时首先想到的类型。它类似于一个完全托管的服务，负责服务器、存储和网络的管理。你可以按需获取这些服务，而不需要购买大量硬件。IaaS 灵活且按使用量付费。但与此同时，你也需要承担诸如管理应用程序和更新补丁等额外的复杂性任务。

现在，我们来讨论云部署模型，即客户如何设置和使用这些服务。云部署模型有五种类型，如图 6-3 所示。

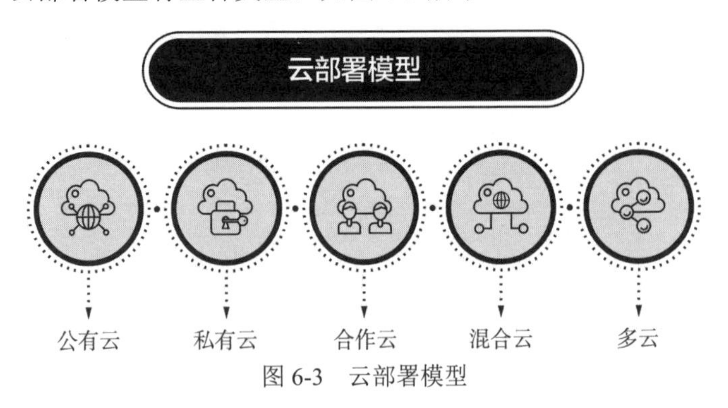

图 6-3　云部署模型

公有云：这种模型提供了一个可方便访问的环境，可容纳众多共享计算资源的用户和组织。云服务提供商负责管理所有底层基础设施，并提供按使用量付费的模型。

私有云：这种变体提供了一个专门为你的组织而设置的云环境，增强了安全性并确保没有外部访问。它特别适合那些重视隐私和控制的企业。

合作云：这种设置是一个协作平台，允许有共同利益和需求的组织使用一个共享的云基础设施，类似于共享合作体。它是一个经济实惠的选择，适合那些寻求比公有云拥有更多自主权但又不想完全投资于私有云的实体。

混合云：这种方法结合了公有云和私有云的元素，允许公司根据敏感度和运营需求来隔离数据和应用程序。它在运营灵活性和数据安全性之间提供了折中方案，尽管它可能会增加管理复杂性。

多云：此策略涉及集成来自不同提供商的多种云服务，例如，Amazon Web Service、Microsoft Azure和Google Cloud Platform，以利用不同的功能或能力。在提供多样化和弹性的同时，它也在互操作性、复杂性和安全性方面带来了额外的挑战。

这些部署模型提供了多种选择，关键在于选择最适合自身需求的模型，并使用能在不同类型之间兼容的工具，以避免日后出现问题。

6.1　云服务提供商

过渡到云计算是技术领域的一项战略决策，可提供一系列定制服务模式以满足特定需求。主要的云服务类别是软件即服务(SaaS)、平台即服务(PaaS)和基础设施即服务(IaaS)，由众多提供商提供。每个云服务提供商都有自己的优势；以下是目前占据市场主导地位的几个提供商(见图6-4)。

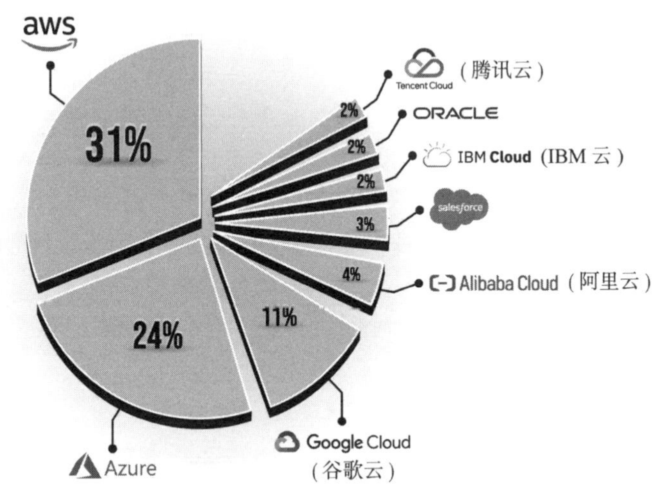

图 6-4　云市场份额

亚马逊网络服务(Amazon Web Service，AWS)：作为云市场的领先者，以其先进的人工智能和机器学习能力而闻名。其广泛的应用使得 AWS 专业技能备受追捧。

Microsoft Azure：凭借其友好的用户界面尤为吸引那些熟悉微软生态系统的用户。

Google Cloud Platform：市场份额迅速上升，Google Cloud 以创新的解决方案和独特的云服务方式脱颖而出。

阿里云：在亚洲占据领先地位，凭借其云产品正逐步赢得国际赞誉。

IBM Cloud：以其全面的服务而闻名，包括独特的“裸金属机”(bare metal)选项，可满足私有云服务器需求。

Oracle Cloud：以其数据库服务而闻名，使其成为大型企业的首选云计算解决方案。

6.2 云计算的风险

正如任何打破现状的颠覆性技术一样，云计算带来了新的独特挑战和风险。认识到这些风险对于制定有效的缓解策略以保护云端数据至关重要。尽管云计算的优势显而易见，但在不了解相关安全风险的情况下就盲目接受云计算并非明智之举。

让我们深入探讨一些与云计算相关的主要风险。

6.2.1 云安全专业知识有限

对于许多组织来说，一个重大挑战是缺乏精通云安全的人员。云计算的独特性要求具备专门的知识，缺乏充分的培训会使网络安全团队处于不利地位。云安全培训的必要性源于其与传统 IT 安全的差异，这使得专业人才的短缺成为全面采用云计算的一大障碍。

6.2.2 配置错误

数据泄露通常源于错误的云配置，而缺乏培训的员工会加剧这一风险。修改云设置非常容易，这意味着即使是微小的错误也可能导致大量数据泄露。尽管云提供商努力帮助减少这些错误，但组织有时会忽视其安全义务。

6.2.3 攻击面增加

公有云的外部可访问性超出了传统的安全边界，吸引了潜在攻击者。诸如云存储安全措施不当或开放访问点之类的漏洞，可能会为攻击者提供入口。此外，将安全凭证错误地存放在云存储库中是一种常见错误，容易为攻击提供便利。

6.2.4 对云身份安全关注不足

有效管理云用户身份需要格外谨慎，随着云环境的扩展，这可能会变得复杂。每个云平台都有独特的身份管理系统，挑战也随之加剧。采用集中用户访问策略的单点登录(Single Sign-On, SSO)解决方案可以简化身份管理。

6.2.5 缺乏标准化和可视化

安全主管在跨各种云服务应用统一的安全措施时经常会遇到困难。由于每个云平台都提供不同的安全工具，因此手动维护一致的安全标准非常困难。此外，对云操作(特别是在 PaaS 和 SaaS 模式下)的可视化有限也引发了担忧。

6.2.6 数据泄露风险

云端的便利性也暴露了数据泄露的可能性。无意间的数据共享(通过点击或共享 URL 等简单操作)可能会导致出现意想不到的后果，尤其是在迁移到云端时，这加剧了人们对保护敏感信息的担忧。

6.2.7 合规和隐私问题

仓促采用云可能会危及数据隐私和对 PCI DSS、HIPAA 和 GDPR 等监管标准的遵守，这些标准要求对敏感数据采取特定的保护措施。准确理解和实施这些控制措施至关重要，因为合规责任由客户和云提供商共同承担。

6.2.8 数据主权和存储问题

虽然数据跨区域传输的能力具有优势，但在遵守严格的数据驻留法规方面带来了挑战。数据驻留法规是特定于国家的，规定了对数据存储位置的要求。当组织不确定其云端数据的存储位置时，这可能会进一步增加合规的复杂性。

6.2.9 特定于云的事件响应

在云环境中处理事件需要采用专门的应对方法；传统的基于电子邮件的工单系统可能因云的动态特性而无法满足需求。利用自动化和云原生控制对于在此类环境中实现有效的事件管理至关重要。

许多风险源于有效管理云端资源所需的专业技能。随着云技术的快速发展和应用，其即时访问数据的能力带来了重大风险，这主要是由于内部团队的无意配置错误。在安全领域，数据往往是最宝贵的资产，而云的固有设计使数据的访问和共享更加便捷。进一步加剧复杂性的是，云环境中使用的正式事件响应协议往往不够完善。确保对数据位置的了解以及访问权限的控制是云计算安全中的首要任务。

6.3　云安全工具

现在，我们来探索一些可用于增强云基础架构安全性的工具。存在多种解决方案，并且工具的选择可能因所使用的特定云模型或平台而有很大差异。通常，大多数云部署都需要使用以下类型的工具(见图 6-5)。

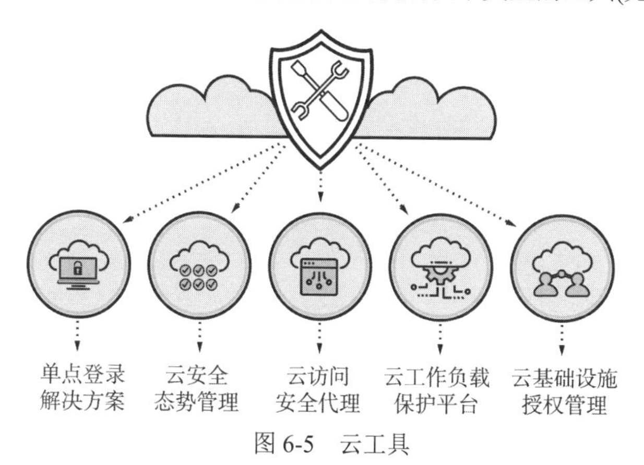

图 6-5　云工具

接下来让我们详细看看这些工具。

6.3.1　单点登录

长期以来，单点登录 (Single Sign-On，SSO)被认为是安全的最佳实践，其重要性在云环境中得到了放大。在多云架构中，导航用户身份管理变得尤为复杂。SSO 简化了这一过程，使用户能够使用一组凭证访问各种应用程序，从而简化了身份验证过程。

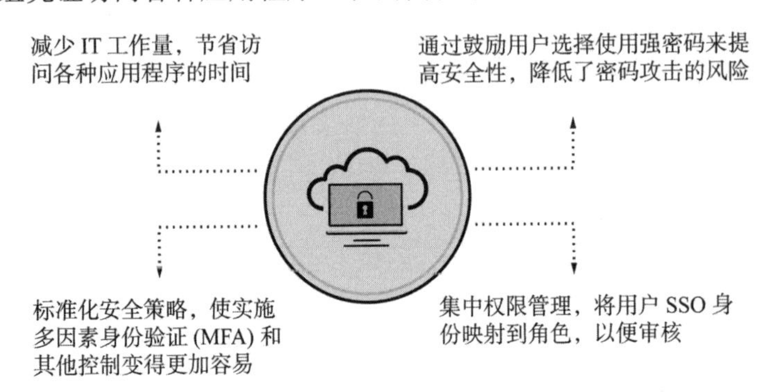

图 6-6　SSO 的优势

6.3.2　云安全态势管理

配置错误在云环境中构成了主要风险。云安全态势管理(Cloud Security Posture Management，CSPM)工具在识别整个云基础设施中的潜在漏洞方面起着关键作用，揭示了风险状况及是否符合推荐实践。其主要功能包括检测和修复云配置问题，详细说明云资源，并通过仪表板提供云相关风险的全面概览。

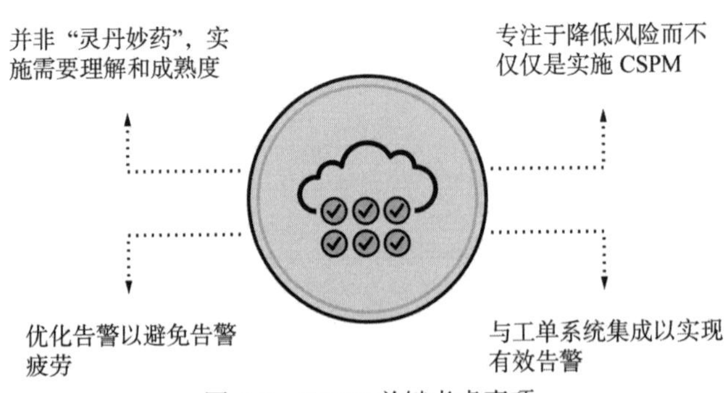

图 6-7　CSPM 关键考虑事项

6.3.3　云访问安全代理

云访问安全代理(Cloud Access Security Broker，CASB)对于降低云中数据泄露的风险至关重要。作为云服务的统一控制机制，它们实施并执行数据安全、用户活动策略和资源发现。CASB 位于用户和云应用程序之间，确保遵守既定的安全协议。

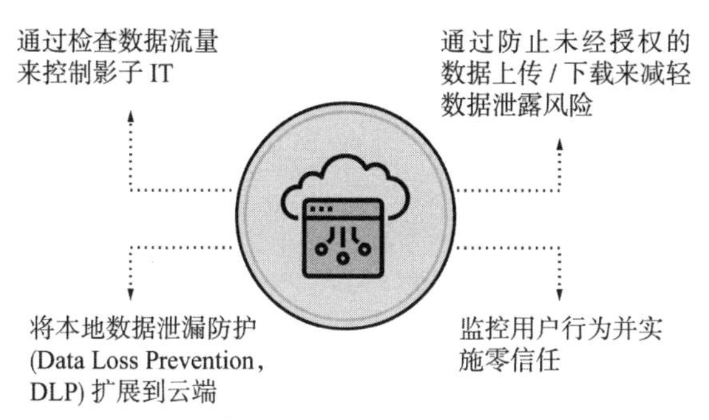

图 6-8　CASB 主要功能

6.3.4　云工作负载保护平台

该方法致力于保护基于云的工作负载，例如虚拟机、容器、无服务器功能和 API，与云安全态势管理(Cloud Security Posture Management，CSPM)相比，其运行级别更高。云工作负载保护平台提供的功能包括强化和配置评估、对混合和多云环境的支持以及恶意软件扫描。

图 6-9　CWPP 注意事项

6.3.5 云基础设施授权管理

此工具管理云环境中的访问，以身份管理为中心，坚持最小权限原则。云基础设施授权管理(Cloud Infrastructure Entitlement Management，CIEM)可识别用户权限中出现的违规行为，遏制过多权限的扩散，并提供用于撤销不必要访问权限的解决方案。

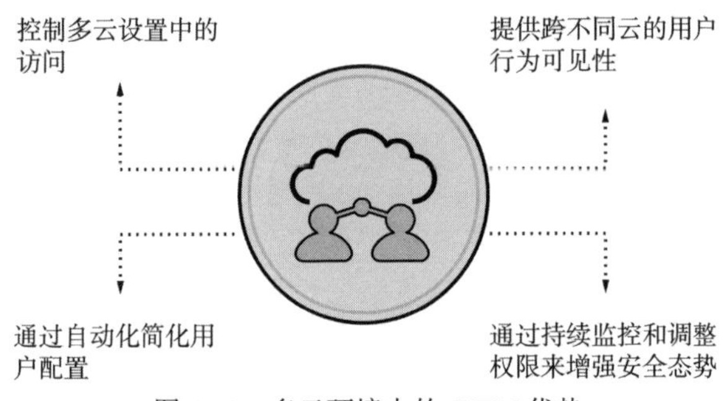

图 6-10　多云环境中的 CIEM 优势

我们已讨论了单点登录(Single Sign-On，SSO)的重要性及其必要性，探讨了云安全态势管理(Cloud Security Posture Management，CSPM)在提供云环境安全状况洞察方面所发挥的作用，了解了云访问安全代理(Cloud Access Security Broker，CASB)及其通过监控用户活动以防止数据泄露的重要性，学习了云工作负载保护平台(Cloud Workload Protection Platform，CWPP)在保护云工作负载方面所提供的功能，并回顾了云基础设施权限管理(Cloud Infrastructure Entitlement Management，CIEM)在监控云平台用户权限方面所具有的实用性。

6.4　云安全认证

网络安全行业对认证的价值持有不同看法。尽管一些专业人士认为实践经验比正式认证更为重要，但另一些人则认为认证是专业知识的重要证明。云安全认证对初学者尤其有帮助，它提供了系统的入门指导和坚实的进一步发展基础。然而，初学者可能会发现选择最合适的认证路径具有挑战性。

云安全认证主要分为两类：

> **平台无关**：这些认证与 Google Cloud、Azure 或 AWS 等任何特定云提供商无关。它们强调广泛的技术原则，旨在全面了解云基础设施。
>
> **平台特定**：AWS Security Specialty(AWS 安全专家)或 Azure Security Engineer(Azure 安全工程师)等认证是为特定云服务设计的。它们通常需要对相应云平台有基本的知识基础。

对于那些对云概念完全陌生的人，建议先从与平台无关的认证开始，以建立强大的知识基础，然后再专注于特定的云服务。我们现在可以探索该领域一些最受欢迎的认证。

6.4.1　平台无关认证

1. CCSK(云安全知识认证)

云安全联盟(Cloud Security Alliance，CSA)提供 CCSK，这是一项全面的认证，涵盖了广泛的云安全主题，包括云架构、身份和访问管理以及密钥管理。考试在线进行，由大约 60 个问题组成。

考生必须表现出对以下领域的精通才能通过考试：

- CSA 云计算重点关注领域的安全指南
- CSA 云控制矩阵
- 云计算风险评估

CCSK 认证深入探讨了云安全原理，使其成为云安全领域专业人士或有志加入该领域的人士所能利用的宝贵资源。参加 CCSK 考试不需要任何工作经验。虽然 CCSK 在该领域享有很高的声誉，并且经常被推荐作为云安全认证的起点，但专门提到 CCSK 的职位列表可能很少。考试是开卷考试，没有监考。虽然可以在考试期间查阅资源，但扎实掌握相关材料对于成功至关重要。

CCSK 的详细信息如下。

- 提供方：云安全联盟
- 先决条件：无
- 考试形式：60 道多项选择题
- 费用：395 美元(如果未通过，可以重考一次)
- 官方网站：https://cloudsecurityalliance.org/education/ccsk/

2. CCSP(认证云安全专家)

CCSP 认证由$(ISC)^2$提供，该组织超越了备受推崇的 CISSP 认证。CCSP 之于云安全，相当于 CISSP 之于一般安全，代表了该领域的卓越基准。

CCSP 证书获得广泛认可，表明证书持有人在云安全方面具有高水平的专业知识。它面向具有多年经验的专业人士，与 CISSP 的先决条件相似。对于那些希望巩固其专家地位的具有云安全背景的人来说，CCSP 提供了一条绝佳的途径。

6.4.2 特定平台认证

1. AWS 认证安全专家

AWS 认证安全专家在业内享有很高的声望，尤其是考虑到 AWS 在云计算领域的领先地位。该认证旨在提高你对 AWS 特定安全服务的专业知识水平，包括 GuardDuty、Config 和 Security Hub 等。虽然对过往的 AWS 经验没有强制性要求，但通过几年的实践掌握 AWS 服务的基础知识可能会很有优势。

2. 考试准备策略

，从基础开始入手：对于 AWS 新手，建议从入门级认证开始，例如，AWS 认证解决方案助理架构师。这一基础步骤确保你对 AWS 服务有全面理解，这对于成功通过安全专业考试至关重要。如果你是 AWS 新手，可以从 AWS 认证解决方案助理架构师这样的初级认证入手，这将为你提供扎实的 AWS 服务知识基础，从而有助于准备有关安全专家的考试。

参与实践学习：建立个人实验环境以亲自探索AWS 服务。通过实际操作，你可以加深对关键概念的理解，从而更有效地应对考试中出现的相关问题，例如，IAM 策略和 EC2 实例的主题。利用AWS 免费套餐账户是开始这种实践探索的绝佳方式。

掌握 IAM：考试重点关注 AWS 身份和访问管理(Identity and Access Management，IAM)。彻底了解 IAM 策略、其评估流程以及在 AWS 环境中的实际应用至关重要。

准备场景题：考试中会有基于场景的问题，需要你选择最合适的解决方案。熟悉各种 AWS 服务的优缺点，以便在答题时做出明智的决策。

强调加密和日志记录：特别注重理解加密机制，尤其是涉及 KMS 密钥的机制，并掌握 AWS CloudTrail 和 CloudWatch 的日志记录和告警功能。

3. 考试的其他技巧

投资培训

可以考虑报名参加一些结构化的培训课程，例如，A Cloud Guru 或 Udemy 提供的课程。AWS 也提供一门免费的备考课程，涵盖考试必备知识。

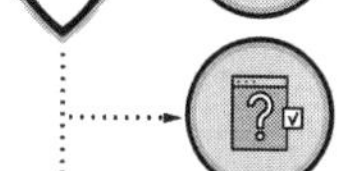

模拟考试

参加模拟考试，以熟悉考试形式并找出需要改进的领域。WhizLabs 提供的模拟考试与实际考试非常相似，有助于提升你的备考效果。

查看 AWS 白皮书

AWS 提供了有关安全最佳实践和服务的详细白皮书。阅读这些白皮书可以加深你对 AWS 安全概念的理解。

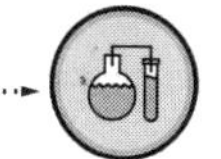

完整的 AWS 实验室

AWS 提供基于其精心设计的框架的实验。这些实验可帮助你积累实践经验，是培训课程的有效补充。

图 6-11　考试秘诀

获得 AWS 安全专家认证需要投入时间并且要对 AWS 安全原则有深刻的理解。成功没有捷径，需要建立坚实的技术基础并进行持续的实践。通过采用战略性的方法，你有望在第一次尝试中通过考试。

6.4.3　Microsoft Azure 助理安全工程师认证

此认证专为在 Azure 生态系统中工作的个人量身定制，强调建立安全措施和保护数据方面的能力。想要取得该认证，需要对 Azure 及其各项服务之间的相互作用有扎实的理解。根据微软的要求，考生应具备在多个领域(包括身份、访问、数据、应用程序和网络)部署 Azure 安全解决方案的能力，适用于云和混合环境。相比于 AWS 或 Google Cloud 等平台，熟悉微软服务可能会让学习过程相对轻松一些。通过 AZ-500 考试是获得该认证的必要条件，值得注意的是其中包括实验题，因此实际的 Azure 操作经验至关重要。

对于 AZ-500 考试准备，采用与 AWS 安全专业类似的策略。例如，具有扎实的技术基础并动手参与实验室练习，以及对 Azure 安全机制有一定的了解，可以提高通过的机会。

6.4.4　Google 云安全工程师认证

获得此认证可以证明你具有在Google Cloud上设计和实施安全解决方案的技能，涵盖了身份和访问管理(Identity and Access Management，IAM)、数据保护和密钥管理等基本方面。对于专注于 Google Cloud 的人来说，这是一个重要的凭证，提供了知识基础，并作为通往 Google 专业云架构师认证(Google Professional Cloud Architect Certification，GPCA)的途径，这是一项业内备受推崇的认证。尽管 GPCA 并非专注于安全的认证，但它要求对 Google Cloud 有全面的理解，这彰显了 Google Cloud 安全工程师认证对于希望在该方向上继续前进的人的重要性。

准备 Google Cloud 安全工程师考试涉及的策略与 AWS 和 Azure 认证类似——加深概念的理解、参与实践练习以及熟悉 Google Cloud

上的安全最佳实践。

6.5　小结

本概述应能让你更清楚地了解云安全认证的全貌。这些认证非常适合展示你的专业技能并提升你的职业生涯，但请记住，它们并不是最终目标。认证可以打开职业的大门，但云领域的复杂性要求具有实践经验。认证可能有助于面试阶段，但从长远来看，真正使你脱颖而出的是你的勤奋和实际操作经验。应确保在获得认证的同时，也在培养所需的技能，以便在云计算职业生涯中获得持久发展并取得成功。

第 6 章　测验

① 可以部署在组织自有数据中心或租赁数据中心内并由内部 IT 管理的云称为________。

Ⓐ 私有云　　Ⓑ 多云
Ⓒ 混合云　　Ⓓ 公有云

② 企业拥有的、向内部消费者或开发者提供基础设施和应用平台的云是________。

Ⓐ 私有云　　Ⓑ 多云云
Ⓒ 混合云　　Ⓓ 公有云

③ 将公有云和私有云结合在一起的云称为________云。

Ⓐ 秘密　　Ⓑ 混合
Ⓒ 混血　　Ⓓ 复合

④ 多云部署模型称为________。

Ⓐ Tri-cloud　　Ⓑ Auxiliary-Cloud
Ⓒ Common Cloud　　Ⓓ Multi-Cloud

⑤ ________是一种模拟硬件并帮助创建虚拟机的软件。

Ⓐ Hypervisor　　Ⓑ Hypovisor
Ⓒ Inner-visor　　Ⓓ Output-visor

⑥ 提供商负责________，消费者负责________。

Ⓐ 云自身的安全，云上运行的系统的安全
Ⓑ 云上运行的系统的安全，云自身的安全
Ⓒ 上云前的安全，上云后的安全
Ⓓ 云之间的安全，云周边的安全

⑦ 以下选项中，________不能正确代表四种最常见的云服务模型之一。

Ⓐ 软件即服务(SaaS)为消费者提供部署操作系统(OS)的基础设施，以便向其客户销售软件。

Ⓑ 平台即服务(PaaS)用于部署二进制文件和开发数据应用程序或存储。

Ⓒ 桌面即服务通过网络提供虚拟桌面管理。

Ⓓ 基础设施即服务(IaaS)为消费者提供核心计算、网络和存储资源，并能够根据需要进行扩展和缩减。

第 6 章　测验答案

① 可部署在组织自有数据中心或租赁数据中心内并由内部 IT 管理的云称为________。

Ⓐ 私有云

可以在组织拥有的数据中心或租赁的数据中心内部署并由内部 IT 团队管理的云称为私有云。

② 企业拥有的、向内部消费者或开发者提供基础设施和应用平台的云是________。

Ⓓ 公有云

由企业拥有并向其他组织提供基础设施和服务的云称为公有云(AWS、GCP、Azure)。

③ 将公有云和私有云结合在一起的云称为________云。

Ⓑ 混合

将公有云和私有云结合在一起的云称为混合云。

④ 多云的部署模型称为________。

Ⓓ Multi-Cloud

由多个云组成的云部署模型称为多云部署。

⑤ ________是一种模拟硬件并帮助创建虚拟机的软件。

Ⓐ Hypervisor

虚拟机管理程序是一种模拟硬件并帮助创建虚拟机的软件。

⑥ 提供商负责________，消费者负责________。

Ⓐ 云自身的安全，云中运行的系统的安全

经验法则是，提供商负责云的安全，而消费者负责云中的安全。

⑦ 以下选项中，________不能正确代表四种最常见的云服务模型之一。

Ⓐ 软件即服务(SaaS)为消费者提供部署操作系统(OS)的基础设施，以便向其客户销售软件。

软件即服务(SaaS)通常以订阅方式向消费者提供软件而非基础设施。基础设施通常由云服务提供商(CSP)管理。

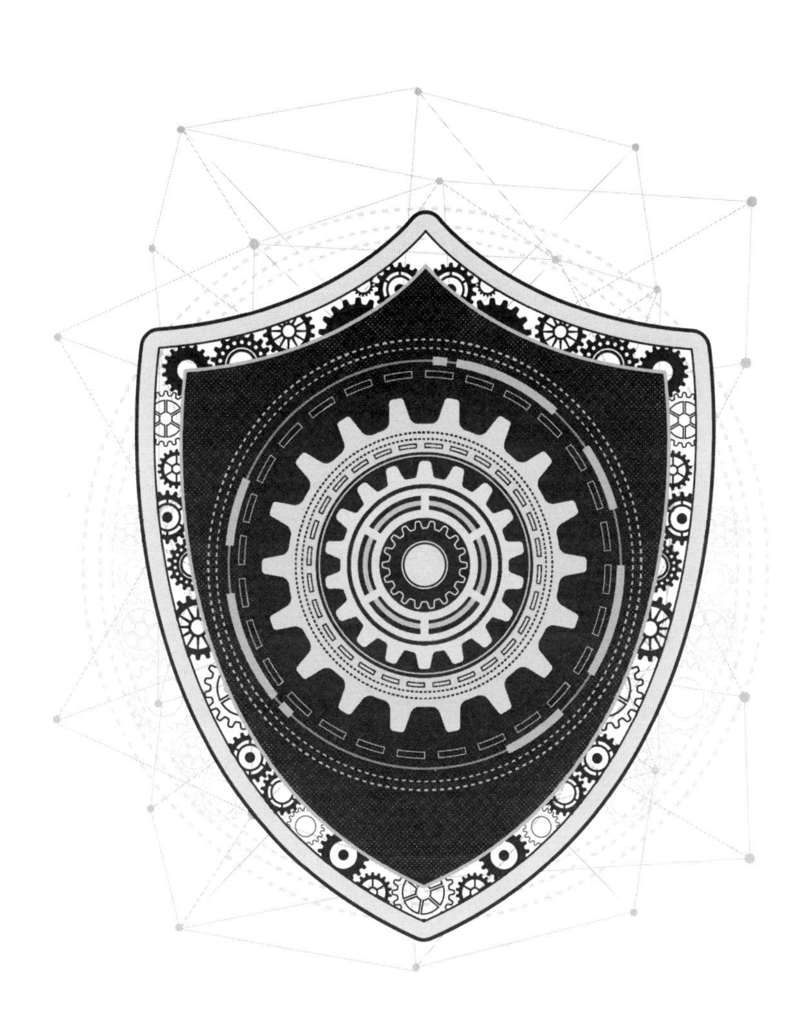

第7章

SOC自动化

本章由杰森·图尼斯(Jason Tunis)撰写

本章将讨论安全运营中心的成熟度模型、如何了解SOC当前所处的阶段以及如何采用SOC自动化并保持领先地位。

安全运营中心(Security Operation Center，SOC)内的自动化通常称为安全自动化和编排 (Security Automation and Orchestration，SAO)或安全自动化、编排和响应 (Security Automation, Orchestration, and Response，SOAR)。作为一名分析师，在组织内遇到某种类型的安全自动化已变得越来越常见。在多大程度上进行自动化可能取决于组织及其SOC的成熟度。我们将在本章稍后深入探讨成熟度模型及其与自动化的关系。首先来了解什么是安全自动化？

7.1 什么是安全自动化

SOC自动化并不是指机器人具有自我意识。威胁情报源并不表明“审判日”即将到来。简单地说，自动化是指机器执行有关低级安全的操作。这些操作是大型任务的一小部分。通常，一项任务由多项操作组成。同样，一个过程包含多项任务。任务可以部分或全部自动化，目的是减少安全操作中的人为干预。编排虽然与自动化密切相关，但它利用了跨多个系统或平台的多项自动化任务。编排用于自动化或半自动化更复杂的工作流程和过程。

我们听到了来自 SOC 分析师和其他安全自动化社区成员的批评，主要的主题似乎是分析师担心自动化会取代他们的工作。我理解他们的担忧。如果机器能够更快、更高效地完成任务，那么分析师该怎么做呢？作为 SOC 的负责人，我想考查我雇用的分析师对事件进行详细分析的能力。这需要花费相当多的时间，而在每天看到的大量事件中，这几乎是不可能实现的。我希望他们能够寻找趋势，分析更长时间段的数据，并找出这些事件发生的原因。例如，问自己："我每天需要对 50 个 IPS 签名事件做出响应，是因为该 Web 服务器存在漏洞吗？"然后将这些数据反馈给 SOC 领导层，并主动推动组织修复该漏洞。

我们试图传达的是，SOC 自动化不应被视为你职业生涯的限制，而应被视为可以帮助你成为更好分析师的跳板。我们将在下一节中讨论需要进行自动化的几个原因，这些原因将更清楚地展示自动化对 SOC 以及个人分析师的好处。让我们深入探讨为什么自动化对任何 SOC 来说都是一个积极的补充。

7.2 为什么要自动化

SOC 自动化有许多理由，但请放心，替代分析师通常不是目标。SOC 分析师是一种宝贵的资源，始终需要在机器无法胜任的领域发挥作用。无论是作为成熟度提升的举措还是新的业务需求，领导层常常需要在具有相同或更少资源的情况下承担额外的服务。考虑到 SOC 领导层面临着提供更多服务的压力，同时又存在技术熟练的网络安全专业人员短缺的问题，就可以理解为什么自动化是一种显而易见的选择。

我曾在一线工作，处理无尽的事件队列。作为一名初级分析师，有时我会遇到大量由防病毒检测生成的事件，其中包含的这些文件已经被隔离。超过一半的事件是与广告软件/工具栏相关的“潜在有害应用程序”(Potentially Unwanted Application，PUA)。虽然利用工具可以完成许多工作，使文件被隔离，但我仍然有很多事件需要处理。我必须手动添加适当的备注并关闭每个工单。如果当时有自动化工具，那么我的工作将轻松很多。我本可以专注于进行更深入的分析，寻找广告软件的共同来源，但由于事件数量庞大，当时这并不是一个可行的选择。

对我来说，自动化是帮助分析师应对每天涌入的大量事件的强大助力。通过消除分析师执行单调任务的需要，他们便可以腾出更多时间进行更高层次的事件分析。资深分析师将有更多时间来培训初级分析师，并可以花更多时间编写文档。随着 SOC 的节奏不断变化，我们都知道这些工作始终是必要的。

SOC 选择自动化的首要原因之一是为了优化现有流程。许多 SOAR 平台提供 C 级仪表板，旨在展示通过自动化操作节省的时间和金钱。虽然我在一定程度上同意这方面很重要，但单纯关注这一点可能并不适合所有组织。我认为还有许多其他同样重要的原因对 SOC 的运营至关重要。

我最喜欢自动化的原因之一是可以减少分析师的工作量。我不是唯一一个每天花几个小时按“Ctrl+C”和“Ctrl+V”的分析师。一天工作结束后，我回家时脑子里一片混乱，想知道猴子是否也能做同样的工作。

正如我之前提到的，安全分析师是 SOC 最重要的资源。这些分析师每天都要处理大量需要收集、分类、归类、分析和解释的信息。减少需要分析的事件数量是实现这一目标的方法之一。

减少分析师疲劳有利于SOC，因为它可以减少整体压力，使SOC成为一个有趣且充满挑战的工作场所。俗话说得好：“SOC 快乐，生活快乐”不是吗？优秀的领导层应该竭尽全力提高士气，营造健康的工作环境。日复一日地重复同样的动作会让你变得麻木，导致你跳过步骤或偷工减料。这种疲劳会增加犯错的可能性。

减少错误让我想到了自动化的另一个常见原因，即标准化流程。在调查过程中，分析师可能会陷入不断切换屏幕的循环中，查看文档、遵循定义的步骤并在多个控制台之间移动。当我们自动化安全相关任务时，可以提高一致性，从而降低出错的可能性。一致性在安全运营中至关重要。在事件响应中实施自动化时，我们可以确保始终遵循流程。

作为一名 SOC 分析师，广泛收集信息是很容易的。有时候，我们编写的规则确实需要比较宽泛。由规则生成的事件可能只有在与其他事件或条件相关联时才是一个指标。当然，你可以编写一个关联规则，但也许你还处于调优规则的初始阶段，因此分析师会收到大量误报。如果我们能利用自动化来过滤这些误报呢？减少误报的总体数量就是我花了很多时间进行自动化的一个用例。我将在本章后面举一个例子(见示例#1)。

每个分析师都有自己偏好的信息来源，这有时会导致产生误报或引导分析师做出错误的判断。如前所述，一致性之所以重要有很多原因，但除了这些原因，自动化的另一个理由是减少信息偏见。有些声誉和情报数据共享服务的可靠性高于其他服务。开放源代码的情报源可能是一把双刃剑。一方面，它们可能拥有更大的参考集且质量较高；但另一方面，我发现一个错误的归因更容易扭曲整个数据集。当数据的来源由团队定义时，声誉检查和情报增强可以很容易地在你的剧本中实现自动化。

每隔几个月，似乎就会出现新的攻击模式，威胁变得越来越复杂。组织需要为这种复杂威胁的演变做好准备。如今，攻击者利用自动化对你的组织发起攻击。安全运营需要跟上攻击者演变的速度，而实现这一目标的唯一方法就是通过自动化和编排。当你实施新的自动化剧本时，最终目标应该是减少平均检测时间(Mean Time To Detection，MTTD)和平均响应时间(Mean Time To Response，MTTR)。每一步的自动化都能将这些 SOC 指标所花费的时间缩短几分之一秒。虽然乍一看，单个操作可能节省的时间不多，但随着时间的推移，这些微操作的累积将节省大量的时间。这些指标的减少会令高级管理层满意，同时也能提供前面提到的众多好处。

7.3　SOC 成熟度

首先，我想说明一下，我认为许多组织都不会期望他们能够从头到尾完全自动化每个流程。我相信很多情况下需要分析师做出机器无法做出的决定。自动化根据错误的数据分类设置阻断的恐怖故事有很多。这些情况对企业及其声誉产生了灾难性的影响。在组织对所提供的数据有很高的信心之前，我个人建议在自动化过程中增加一些制衡措施。在实施阻断控制之前，这些制衡措施应该需要人工交互和审批。所有这些步骤都可以内置到剧本中，以确保不仅可以最大限度地利用自动化，还可以防止自动化采取错误的行动。

本章的目的不是深入探讨成熟度模型这一主题。有几种不同的方法可以衡量 SOC 的成熟度。你可以编写自己的框架或使用行业标准框架来实现相同的目标。使用标准化框架的好处是，它得到了行业内其他组织的认可，并且可能正在被使用。两种解决方案都旨在提供安全运营中心(Security Operation Center，SOC)在其成熟度(涵盖其所有流程)中的情境摘要。

在评估安全运营中心(Security Operation Center，SOC)的成熟度及其自动化时，可以采用类似于图 7-1 所示的分阶段方法。我制作了这个图表，以说明一旦完成了对 SOC 当前正在进行的流程和动作的清点，就可以映射出当前状态，并衡量你实现目标的进度。设定小目标，以便让你迈向下一个阶段。如果你还没有开始自动化之旅，不要害怕现在就开始。每自动化一个动作，都会让你更接近你设定的目标。

作为初级分析师，你将看到你和你的团队每天使用的流程中需要改进的地方。记录任何流程中的差距并寻找可以自动化的动作。花时间收集所有适当的数据并进行分析。这些动作中的任何一个都可以自动化吗？你认为它为团队提供了什么好处？能够清楚地表达你认为自动化动作将如何改善功能。通过展示流程改进或问题解决方案而不仅仅是差距，你将成为同行中的领导者，SOC 领导层将把你视为真正的问题解决者。

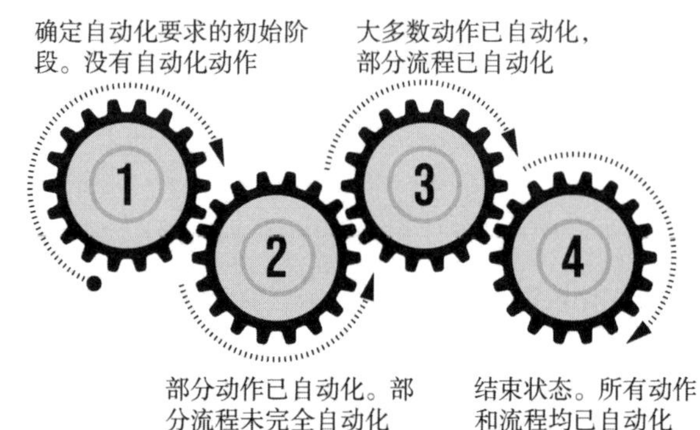

图 7-1　成熟阶段示例

7.4　如何开始自动化

对于每个组织来说，没有一种万能的解决方案。根据我的经验，SOC 中熟悉其流程和程序的分析师花一点时间分析他们每天所做的工作是最有益的。根据完成任务所需花费的时间对任务进行分类，然后根据任务的复杂性进行分类。从简单的任务开始，不要花很多时间将其完成，等你熟悉流程后再处理复杂的任务。很可能有很多这样的简单任务，通过自动化它们，你将取得很大的进步。图 7-2 可以帮助你对任务进行分类，并让你专注于能够提供最大价值的自动化任务。

在开始处理简单且耗时较短的任务时，寻找没有复杂条件的重复性动作。如果你根据某个动作的输出采取不同的行动，这将增加剧本的复杂性。我发现，在处理用例时，很容易在中途发现某个小属性就改变了整个流程。花时间剖析这些动作，并在白板上绘制流程图。尽力将其细分到最小的步骤。一个非常简单的自动化任务示例可能是获取一个文件的信誉，如图 7-3 所示。这可能会让你更容易想象所采取的步骤。

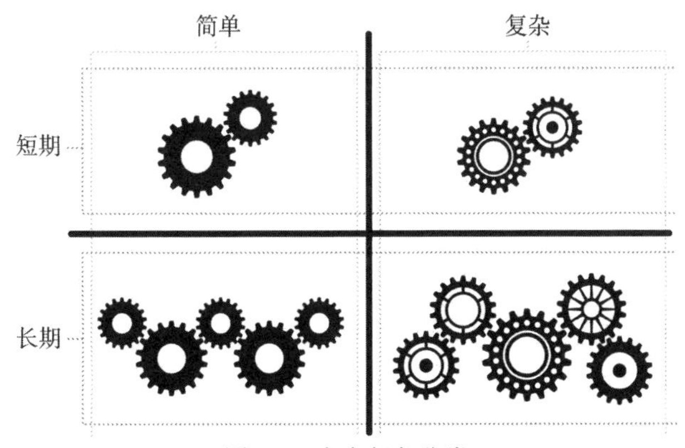

图 7-2　安全任务分类

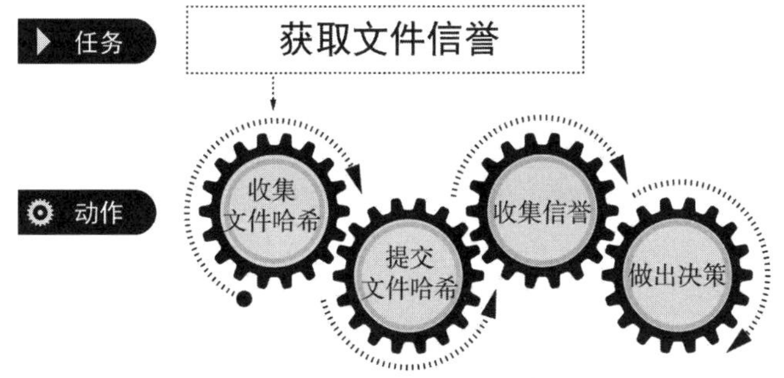

图 7-3　获取文件信誉的简单用例

在这个简单的例子中，我将任务分解为分析师需要采取的四个小动作：

1. 收集文件哈希。
2. 打开 Web 浏览器。
3. 将哈希粘贴到浏览器中并提交。
4. 根据文件信誉做出决策。

根据文件信誉做出的决定可能会为下游的另一个动作或流程提

供信息。剧本可以很小。请记住，可以有一个剧本同步调用其他剧本，也可以等待第一个剧本完成后再调用另一个剧本。

乍一看，自动化这个任务似乎并不会节省很多时间。假如这个哈希值是误报呢？如果我们可以根据文件信誉自动关闭事件呢？如果我们能够收集误报文件并提交给供应商重新评估呢？自动化不仅可以通过消除误报产生的噪音来提供帮助，还可以减少需要响应的工单数量。现在，当扩展到一天内需要调查的事件数量时，这个简短、简单的操作已经节省了大量时间。

7.5 用例

我在网上发布的不同文章中看到了许多用例。也许其中一些会对你有用，或者它们只是激发了一些关于可以做什么的想法。正如我在本章前面提到的，没有一种万能的解决方案。供应商提供示例剧本，通常是为了展示其产品具有的功能。遗憾的是，并非每种解决方案都能与你的自动化平台集成。你会遇到可能不适用于你的运行环境的情况，就像你也会遇到供应商以前没有遇到过的情况一样。这是可以预料到的，都是 SOC 自动化之旅的一部分。我想强调几个我亲身经历的、成功实施的用例。它们并未涵盖 SOC 可能选择自动化的所有用例或原因。但是，它们可以作为自动化工作的起点或灵感。

我遇到的一个用例是减少来自电子邮件安全提供商的误报检测。团队使用了一项服务，该服务会对送达的恶意电子邮件发送告警。有时，在告警发送后，电子邮件被重新分类为正常。我编写了一份自动化剧本，调用电子邮件安全提供商的 API 来检查“误报”标志。如果告警是误报，则不会创建分析师工单。

另一个更高级的用例是在发生关键事件时“呼叫”值班分析师。我们首先定义会导致分析师被呼叫的事件类型。之后，我们开始研究如何收集值班人员及呼叫方式。这需要使用名为“beautifulsoup”

的插件编写一些自定义 Python 代码。剧本将抓取内部网页并解析出要呼叫的电子邮件地址，并向该分析师发送带有关键事件上下文的告警。完成该步骤后，剧本将监控邮箱中是否有该页面的已读回执。如果一小时内未确认该页面，剧本将向值班负责人发送相同的呼叫。

我帮助实施的最常见的自动化用例是用威胁情报来丰富事件。在这个环境中，事件从 SIEM 发送到自动化平台进行处理，并在临时工单队列中创建工单。剧本会提取指标，例如文件哈希、文件路径、源和目标 IP 地址等。根据事件类型，这些指标会从 SOC 预定义的各种来源进行丰富。这些数据用于填充事件的背景，并为处理该事件的分析师提供上下文。一旦所有丰富过程完成，剧本会将工单从临时队列移至 SOC 分析师队列。之所以在所有丰富过程完成后将工单移至分析师队列，是为了防止工单状态出现变化，并确保添加到剧本中的任何错误检查都已完成。我希望分析师能够获得做出事件决策所需的所有数据，而不是只有部分数据。

7.6　小结

安全自动化是一种辅助 SOC 分析师并使他们能够更有效地完成工作的工具。在我看来，它并非旨在取代分析师。我们投资自动化技术是为了提高工作效率，我们需要做出机器无法做出的决策。我不想直接关注用于编写自动化剧本的最佳实践，而是更多地关注整体流程及其与 SOC 的关系。考虑到这一点，我想给你留下一些成功秘诀。

如果你尚未开始自动化之旅，请与你的团队讨论安全自动化的好处。让每个人都认同这个想法，并对你设想的自动化剧本如何为团队服务感到满意：

- 对 SOC 执行的任务进行全面盘点。按完成任务所需花费的时间和复杂程度进行细分。
- 在自动执行任何操作之前，先定义你的用例。最初专注于简单且可以快速完成的任务。这将为你带来一些快速收益。

- 不要编写冗长复杂的剧本。尽可能将它们分解为具体任务。可以使用父剧本调用多个子剧本。
- 不要害怕挑战现状。当开始自动化流程时，你可能会发现一种新的、更好的处理方法。利用这些方法，自动化将展示其对你组织的价值。

虽然安全自动化可能还处于起步阶段，但在提升 SOC 内部运营方面还是有很大的发展空间。我希望能够为你提供一些见解，说明为什么你需要尽早开始自动化，而不是拖延。我强调了进行自动化的多个理由，并提供了一些可以迅速见效的用例。要主动出击，向你的团队展示自动化不是一种限制，而是一种力量倍增器，可以帮助你们所有人成为更优秀的分析师。

第 7 章　测验

① ________是机器实现的低级安全相关操作，这些操作是更大任务的较小部分。

Ⓐ SOC 自动化　　Ⓑ 流程

Ⓒ 编排　　Ⓓ 清单

② ________利用多个系统或平台上的多个自动化任务。

Ⓐ 自动化　　Ⓑ 流程

Ⓒ 编排　　Ⓓ 清单

③ 一个________由多个完全或部分自动化的动作组成，而一个________包含了多个前者。

Ⓐ 流程、任务　　Ⓑ 任务、流程

Ⓒ 流程、响应　　Ⓓ 响应、任务

④ 下列关于自动化的论述均正确，除了________。

Ⓐ 它将在未来五年内取代分析师。

Ⓑ 它简化了现有流程。

Ⓒ 它让分析师从单调的任务中解放出来。

Ⓓ 它管理每天涌入的大量事件。

⑤ 以下都是实施 SOC 自动化的理由，除了________。

Ⓐ 减少分析师疲劳　　Ⓑ 减少错误

Ⓒ 降低生产率　　Ⓓ 减少工时，增加技能培训

⑥ 以下关于如何开始自动化安全运营中心(SOC)的说法正确的是________。

Ⓐ 从复杂的变化开始。

Ⓑ 熟悉安全运营中心(SOC)流程和程序的人应该从盘点 SOC 任务开始。

Ⓒ 弄清楚先解雇谁。

Ⓓ 让任务变得比实际情况更复杂。

⑦ 以下关于剧本的说法均正确，除了________。

Ⓐ 它们可以很小。

Ⓑ 它们可以同步调用其他剧本。

Ⓒ 它们只用于梦幻足球。

Ⓓ 它们不应该导致不正确或破坏性的动作。

第 7 章　测验答案

① ________是机器实现的低级安全相关动作，这些动作是更大任务的较小部分。

Ⓐ SOC 自动化

SOC 自动化是机器执行的低级安全相关动作，这些动作是较大任务的较小部分。

② ________利用多个系统或平台上的多个自动化任务。

Ⓒ 编排

编排利用跨多个系统或平台的多项自动化任务。

③ 一个________由多个完全或部分自动化的动作组成，而一个________包含了多个前者。

Ⓑ 任务、流程

一项任务由许多完全或部分自动化的动作组成，一个流程包含许多任务。

④ 下列关于自动化的论述均正确，除了________。

Ⓐ 它将在未来五年内取代分析师。

未来五年内将取代分析师的说法并不完全正确。虽然 SOC 自动化旨在减少人工劳动量，但 SOC 自动化应该成为一个跳板，使分析师能够从事更具挑战性的任务，为他们从 SOC 转向更高级的角色或成为负责自动化 SOC 分析师任务的 SOC 自动化工程师做好准备。始终需要较少数量的 SOC 分析师来审查 SOC 自动化的工作、协助 SOC 自动化工作并处理异常情况。

⑤ 以下都是实施 SOC 自动化的理由，除了________。

Ⓒ 降低生产率

降低生产率并不是实施 SOC 自动化的理由。

⑥ 以下关于如何开始自动化安全运营中心(SOC)的说法正确的是________。

Ⓑ 熟悉安全运营中心(SOC)流程和程序的人应该从盘点 SOC 任务开始。

熟悉安全运营中心(SOC)流程和程序的人应该首先对 SOC 任务进行盘点。

⑦ 以下关于剧本的说法均正确，除了________。

Ⓒ 它们只用于梦幻足球。

除了梦幻足球，剧本还有许多建设性用途，包括 SOC 自动化。

第 8 章

面向SOC分析师的ChatGPT

本章将讨论什么是 ChatGPT、使用免责声明以及如何以 SOC 分析师的身份使用它。

8.1 什么是 ChatGPT

到目前为止，ChatGPT 是人类见过的最好的聊天机器人。目前已有各种华丽的词汇来描述它是如何工作的，例如，大语言模型(Large Language Model，LLM)、生成式预训练变换器(Generative Pre-trained Transformer，GPT)或“机器学习驱动的研究盗用互联网模型而不给予人们信用”(Machine Learning Driven Research Stealing Internet Model Without Giving Credit to People，MLDRSIMGCP)。我刚刚编造了最后一个词汇，但听起来不错。它旨在进行自然语言理解和生成。你可以与 ChatGPT 互动，提问、获取信息、进行对话或寻求各种主题的帮助。该模型已经在各种互联网文本上进行了训练，使其能够响应众多的查询。它很有用，但功能也有限。

值得注意的是，虽然 ChatGPT 可以提供有用且信息丰富的回复，但它可能并不总是完全准确或符合上下文。

而且，SOC 分析师的几乎所有工作都是实时的。ChatGPT 3.5 无法为你提供有关网站信誉、IP 信誉、文件信誉、whois 信息或 SOC

分析师方法中描述的任何其他步骤的信息。截至(2024 年 1 月)撰写本文时，ChatGPT 使用的数据仅截至 2022 年 1 月。由于大多数入侵指标的“保质期”很短，因此使用 ChatGPT 来验证 IOC 的信誉是不可能的。

但是，对于新手 SOC 分析师来说，你会发现 ChatGPT 有几个应用程序非常有用，它们可以帮助你跳槽，并减少你在工作第一年所面临的困境。

8.2 ChatGPT 服务条款免责声明

没有人会认真阅读产品的服务条款，但如果你发现自己为一家公司工作并决定使用 ChatGPT 分析在被调查的计算机上发现的一些代码，可能还是值得浏览一下 ChatGPT 的服务条款。OpenAI 创建的 ChatGPT 现在已经在其系统上保存了那段代码。你可能会问:“那又怎样？”这段代码触发了告警，而你只是在做你的工作，对吧？在这种情况下，如果你为一家软件公司工作，而这段代码是一个尚未公开发布的应用程序的一部分，那么你就不小心将其透露给了 OpenAI，这会产生什么后果？正因如此，一些公司对使用 ChatGPT 和其他大语言模型(Large Language Model，LLM)AI 模型制定了政策。在将 ChatGPT 用于正式业务之前，一定要了解你所在组织对使用 ChatGPT 的立场。

话虽如此，但让我们玩得开心一点吧。

8.3 代码审计

ChatGPT 能在一定程度上识别恶意代码的特征，并分析其存在的漏洞，但这方面的能力可能不及专门为此任务设计的工具。你可能会有机会将一个脚本粘贴到 ChatGPT 中，让它为你解释该脚本的上下文和性质，而不必逐行阅读，即使你可能了解该语言。你也可以询问它代码看起来是否恶意，并根据它提供的信息进行进一步研究。这对分析师在分析终端工具中的 PowerShell 脚本或从 IPS 告警中提取的 JavaScript 时尤其有帮助。当你看到这些告警时，可以将脚本粘贴到 ChatGPT 中并询问相关问题。但现实是，这种做法在实际工作中很少被采用。如果你现在看到这些脚本，那么你所用的终端工具、IPS、WAF 或其他工具已经警告过你该代码看起来是恶意的，这些工具应该首先作为信息来源，因为它们的专业领域就在于此。然而，如果这些工具没有提供足够的信息，那么将其粘贴到 ChatGPT 中可能会给你带来额外的见解。

练习

导航到 https://github.com/explore，找一段随机的、公开的代码，将其复制到 ChatGPT 的消息栏中，然后询问“上面的代码有什么作用？”

这将为你提供一个示例，说明如何轻松使用 ChatGPT。无论代码长度是 20 行还是 500 行，ChatGPT 都会用简单的语言解释代码的用途。

8.4　文件路径

你可能会有机会将文件路径粘贴到 ChatGPT 中，让它判断该路径是否属于合法应用程序。需要考虑的是，这些数据已经有两年历史，因此 ChatGPT 只能用来检查它之前见过的内容，而不能用作某个文件路径异常就证明其恶意的证据。每天都有新的合法文件出现，而旧文件也会有新的文件路径。有时候，快速确认一个文件是否处于正确的位置是值得的。

练习

转到 ChatGPT 并输入：
“文件路径 C:\WINDOWS\System32\Wbem 是否恶意”
“Malwarebytes 通常安装到哪个文件路径？”

8.5 创建查询

ChatGPT 可以用来编写 YARA 规则、Suricata 规则、KQL 查询、SPL 查询以及其他许多用于威胁狩猎或创建规则和告警的语法。这是作为分析师利用 ChatGPT 的最有效和有帮助的方式。它在这方面表现得相当不错，你可以用自然语言描述你想要找到的内容。这对于你作为新晋 SOC 分析师来说非常有帮助，因为你可能需要熟悉这些工具，以便自己创建自定义威胁狩猎或告警。虽然可能需要进行编辑，但这比从头开始创建要简单得多。

8.6 重写

一个特别有用的功能是可以利用 ChatGPT 来重写句子，尤其对那些使用非母语写作的人来说。从 SOC 分析师方法中撰写报告和重写摘要对我们来说非常重要，因为 SOC 通常是一个全球化的工作场所。英语可能并不总是我们的第一语言，即使是，使用 ChatGPT 来撰写文档也可能对你有所帮助。我提供了细节，要求它撰写一份正式的根本原因分析(Root Cause Analysis，RCA)。经过最少的编辑后，我可以将其交付给客户，从而节省了时间。但要小心，因为有时 ChatGPT 可能会误解你话语背后蕴含的意思，并在原本清晰的地方增加模糊性和不确定性。你可能会对结果感到惊讶，但不要让它误解你的发现。

8.7 ChatGPT 作为武器

我们已经讨论了 ChatGPT 如何帮助初级分析师完成日常工作，现在让我们来谈谈恶意行为者如何利用它进行恶意活动。在前面的章节中，我们讨论了网络钓鱼。回顾一下，网络钓鱼是一种精心制作的电子邮件，目的是引导用户访问恶意网站或下载恶意文件。历史上，网络钓鱼邮件具有的一个明显特征是拼写错误或语法错误。这是因为撰写邮件的人很可能使用英语作为第二语言。现在，通过大型语言模型(Large Language Model，LLM)和 ChatGPT 的魔力，攻击者可以用他们的母语撰写电子邮件，然后交给 ChatGPT，并要求其翻译成任何他们想要看到的语言，准确性比传统翻译工具更高。我们来试试，以下是我用英语写的一封简短的钓鱼邮件。

“Hello,

EvilWebsite.com is committed to providing you with the best possible shopping experience. Our website features the latest products from top brands, and we regularly offer discounts and promotions to help you save money. Click the link below for free shipping on your first order.”

现在，让我们看看当我要求用西班牙语书写时 ChatGPT 会输出什么。

“Hola,

EvilWebsite.com está comprometido a ofrecerte la mejor experiencia de compra posible. Nuestro sitio web presenta los últimos productos de las mejores marcas, y regularmente ofrecemos descuentos y promociones para ayudarte a ahorrar dinero. Haz clic en el enlace de abajo para obtener envío gratuito en tu primer pedido.”

使用德语书写如下所示：

“Hallo,

EvilWebsite.com ist dazu verpflichtet, Ihnen das bestmögliche Einkaufserlebnis zu bieten. Unsere Webseite bietet die neuesten Produkte von Top-Marken, und wir bieten regelmäßig Rabatte und

Aktionen an, um Ihnen zu helfen, Geld zu sparen. Klicken Sie auf den untenstehenden Link für kostenlosen Versand bei Ihrer ersten Bestellung."

使用中文书写如下所示：

"你好，

EvilWebsite.com 致力于为你提供最佳的购物体验。我们的网站提供顶级品牌的最新产品，并定期提供折扣和促销活动，以帮助你省钱。点击下面的链接，你的第一笔订单即可享受免费送货服务。"

无论使用哪种语言，ChatGPT 都可以轻松进行转换。总体而言，OpenAI 在确保 ChatGPT 安全性方面做得非常出色。在 ChatGPT 出现的早期阶段，有人可以让它编写简单的脚本来破坏计算机的文件系统。然而，ChatGPT 只是互联网上众多 LLM AI 模型之一。在 DEF CON 31 上，有多个演示展示了本地托管的 LLM，其经过训练可以开发恶意代码或运行恶意软件所用的指挥和控制服务器(Command and Control Server，C&C)。随着 AI 的进步，我们将继续看到黑客组织和诈骗者利用它的趋势。

8.8 小结

虽然 ChatGPT 相对简单易用，但知道何时使用它则稍微复杂一些。正如我们所讨论的那样，它不包含实时信息，这对我们作为 SOC 分析师的价值有限。其最有价值的用例在于可以帮助编写你可能不熟悉的语言查询，使安全分析工具更快捷、易于访问。随着 ChatGPT 不断改进，甚至增加了互联网搜索的能力，其对我们的相关性将不断提高。然而，它仍将受到数据访问范围的限制，尤其是在缺乏工具许可证的情况下。重写功能是 ChatGPT 具有的另一个优势，能够帮助改善沟通，特别是在 SOC 这一全球化的工作环境中，对于母语为非英语的人来说，这是一项重要支持。最后，你始终可以向 ChatGPT 查询有关网络安全的基本信息，就像使用 Google 一样。例如，询问特定的 Windows 事件 ID 含义，如果它能立即提供正确答案，这可能会节省一些标准的互联网搜索时间。

第 8 章　测验

① 在安全运营中心(SOC)环境中使用ChatGPT进行实时安全分析存在哪些局限性？

Ⓐ 它可以提供实时网站、IP 和文件信誉检查。由于数据已过时，它无法提供实时信息或检查网站、IP 或文件的信誉。

Ⓑ 由于数据已过时，它无法提供实时信息或检查网站、IP 或文件的信誉。

Ⓒ 它需要使用额外的许可证才能进行实时数据分析。

Ⓓ 它与 SOC 工具完全集成，用于实时威胁狩猎。

② ChatGPT 如何在无法处理实时数据的限制下，帮助新的 SOC 分析师完成日常工作？

Ⓐ 通过提供实时威胁情报。

Ⓑ 通过充当事件响应的主要工具。

Ⓒ 通过协助编写查询并分析代码中存在的漏洞。

Ⓓ 通过取代传统的 SOC 分析工具。

③ 描述使用 ChatGPT 来分析代码可能违反公司政策的场景。这种场景中的主要关注点是什么？

Ⓐ 为教育目的分析公开可用的代码。

Ⓑ 使用 ChatGPT 为内部项目生成新代码。

Ⓒ 与 ChatGPT 共享专有、未发布的代码，可能将其暴露给 OpenAI。

Ⓓ ChatGPT 在未经同意的情况下提高代码的效率。

④ 建议进行哪一项实践练习来了解 ChatGPT 如何协助进行代码分析？

Ⓐ 提交专有代码以获得优化建议。

Ⓑ 将一段随机的公开代码复制到 ChatGPT 中以询问其用途。

Ⓒ 创建一种新的编程语言。

Ⓓ 测试 ChatGPT 调试实时系统的能力。

⑤ ChatGPT 的数据已经过时两年了，如何利用它验证文件路径

的合法性？

Ⓐ 通过预测未来合法的文件路径。

Ⓑ 通过根据历史数据确认文件路径是否属于合法应用程序。

Ⓒ 通过访问实时数据库进行文件路径验证。

Ⓓ 通过为应用程序生成新的文件路径。

⑥ 解释 ChatGPT 如何在编写威胁狩猎语法或创建规则/告警方面有用。

Ⓐ 它可以取代理解安全工具中的语法的需要。

Ⓑ 它可以生成准确、完整的威胁狩猎规则，不需要编辑。

Ⓒ 它可以根据提供的描述协助编写 YARA 规则、Suricata 规则、KQL 查询、SPL 查询等。

Ⓓ 它提供了一个预先编写的规则数据库，可直接使用。

⑦ 讨论在 SOC 环境中使用 ChatGPT 重写文字描述或报告的潜在风险和好处。

Ⓐ ChatGPT 始终增强技术报告的清晰度和准确性。

Ⓑ ChatGPT 可能会引入歧义或不准确性，但可以节省起草文件的时间。

Ⓒ 没有风险，只有好处。

Ⓓ 它可以将报告翻译成多种语言，没有任何错误。

⑧ 恶意行为者如何滥用 ChatGPT 来制作网络钓鱼电子邮件，这对网络安全威胁的演变性有何启示？

Ⓐ 使用它来创建任何语言的高精度和令人信服的网络钓鱼电子邮件。

Ⓑ ChatGPT 可以直接向目标发送网络钓鱼电子邮件。

Ⓒ 由于ChatGPT内置了安全措施，恶意行为者无法使用它。

Ⓓ 依靠 ChatGPT 直接入侵安全系统。

第 8 章　测验答案

① 在安全运营中心(SOC)环境中使用ChatGPT进行实时安全分析存在哪些局限性？

Ⓑ 由于数据已过时，它无法提供实时信息或检查网站、IP或文件的信誉。

ChatGPT 的训练数据并非实时更新，这意味着它缺乏提供网站、IP 地址或文件的当前信誉的能力。这种限制使其不适合处理 SOC 环境中的实时威胁情报或事件响应，因为最新信息至关重要。

② ChatGPT 如何在无法处理实时数据的限制下，帮助新的 SOC 分析师完成日常工作？

Ⓒ 通过协助编写查询并分析代码中的漏洞。

尽管没有实时数据，ChatGPT 仍然可以通过帮助编写威胁狩猎查询和分析脚本或代码片段来协助 SOC 分析师，以查找潜在漏洞。这对于熟悉各种安全工具的语法或代码分析的复杂性的新手分析师特别有用。

③ 描述使用 ChatGPT 来分析代码可能违反公司政策的场景。这种场景中的主要关注点是什么？

Ⓒ 与 ChatGPT 共享专有、未发布的代码，可能将其暴露给OpenAI。

当专有代码与 ChatGPT 共享以进行分析时，存在该代码被ChatGPT 背后的实体 OpenAI 访问的风险。这可能会违反公司政策，特别是当代码是机密的或未发布的应用程序的一部分时，会导致专有信息的意外泄露。

④ 建议进行哪一项实践练习来了解 ChatGPT 如何协助进行代码分析？

Ⓑ 将一段随机的公开代码复制到 ChatGPT 中以询问其用途。

这次练习展示了 ChatGPT 分析和解释代码的能力。它可以通过用简单的语言提供解释来帮助用户理解特定代码的作用，这对于学习和分析不熟悉的代码或安全工具的告警很有价值。

⑤ ChatGPT 的数据已经过时两年了，如何利用它验证文件路径的合法性？

Ⓑ 通过根据历史数据确认文件路径是否属于合法应用程序。

尽管 ChatGPT 的数据可能已经过时，但它仍然可以从训练数据中识别文件路径，并提供有关文件路径是否与合法应用程序相关联的见解。这可以快速验证数据截止之前已知的文件路径的合法性，但重要的是要记住，新的合法文件或文件路径的更改将无法被识别。

⑥ 解释 ChatGPT 如何在编写威胁狩猎语法或创建规则/告警方面有用。

Ⓒ 它可以根据提供的描述协助编写 YARA 规则、Suricata 规则、KQL 查询、SPL 查询等。

ChatGPT 可以非常有助于根据自然语言描述生成或建议各种安全工具和语言的语法。这有助于分析师创建威胁检测的自定义规则，使安全分析工具更易于访问和更快地使用，特别是对于那些仍在学习这些工具的人。

⑦ 讨论在 SOC 环境中使用 ChatGPT 重写文字描述或报告的潜在风险和好处。

Ⓑ ChatGPT 可能会引入歧义或不准确性，但可以节省起草文件的时间。

虽然 ChatGPT 可以显著加快报告和摘要的编写或重写过程，但它可能会误解原意或增加不必要的歧义。这意味着，虽然它可以成为起草的有用工具，但我们对任何输出都应仔细审查并可能进行编辑，以确保其具有准确性和清晰度，特别是在技术和安全环境中。

⑧ 恶意行为者如何滥用 ChatGPT 来制作网络钓鱼电子邮件，

这对网络安全威胁的演变性有何启示?

Ⓐ 使用它来创建任何语言的高精度和令人信服的网络钓鱼电子邮件。

ChatGPT 能够理解和生成多种语言的自然语言文本,但这种能力可能会被恶意行为者滥用,从而制作令人信服的网络钓鱼电子邮件。这表明,网络安全威胁正在不断演变,通过使用先进的自然语言处理工具,社会工程攻击的复杂性得到增强,使得通过语法错误或拼写错误等传统标记来识别网络钓鱼尝试变得更加困难。

SOC分析师方法
5
后续步骤
1
原因
4
结论
2
支持证据
分析
3

第 9 章

SOC分析师方法

本章将讨论 SOC 分析师的五步方法论。这五个部分分别是告警原因、支持证据、分析、结论和后续步骤。学习该方法可让你获得分析并准备安全告警以采取进一步行动或得出结论所需的基础知识。

9.1 什么是 SOC 分析师方法

SOC 方法论是多年网络安全经验的产物，为安全事件分析提供了结构化的流程。尽管 AI 和自动化工具广泛应用，SOC 分析师五步法仍是一项宝贵的技能。掌握这一技能不仅能让你在网络安全领域中脱颖而出，还能在需要手动分析来深入理解威胁和制定响应策略的特定场景中发挥不可或缺的作用。

按顺序遵循这五个步骤可以从开始到结束全面概览安全事件。图 9-1 展示了从零开始构建的安全事件流程，包括为每个步骤分配的时间建议。尽管某些事件可能需要在特定步骤上投入更多或更少的时间，但总体指导建议以下述这种方式来划分处理安全事件的时间。

- 5%用于识别和了解触发告警的原因。
- 40%用于收集和记录与告警相关的所有证据。
- 40%用于研究证据、检查指标的信誉、寻找历史相关性，以及确定这是否是恶意行为。

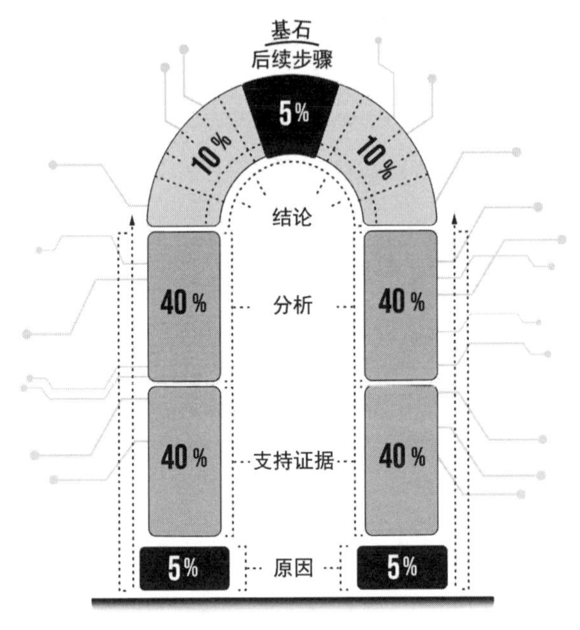

图 9-1　安全事件之门

- 10%用于根据安全分析得出结论，并采取任何必要的紧急措施。
- 5%用于确定后续步骤(如果有)。

让我们深入了解每个步骤并解释如何进行安全调查。

9.2　安全告警的原因

本节解释了安全告警被触发的原因。SOC 是一系列用于检测恶意行为的触发器，而首先需要深入理解告警为何会被触发。

实际上，SOC 的工作节奏非常快，进行安全分析所需的知识面广泛。不要害怕深入研究那些你之前未曾见过的告警，去查找它所关注的内容，以及为何该特定实例看起来像是恶意的。如果不了解它蕴含的看起来可疑的逻辑，就无法知道需要收集什么证据来创建案例(也称作案件)进行分析。

每个工具都有不同的签名，因此首先要查看的是供应商的文档。最简单的方法是在互联网上搜索有关它的信息。只需搜索告警标题即可。通常就是这么简单，除非它是自定义规则，在这种情况下，你应该参考内部文档(如果有)。你可能会遇到没有文档的情况，但这一步至关重要，除非你了解规则，否则你无法继续。

一旦了解规则的监控目标，下一步就是理解导致该告警被触发的具体原因。例如，规则可能被配置为在检测到黑名单中的任意 IP 地址时发出告警，而第二步就是找到触发该告警的具体 IP 地址。

示例：

此告警是由于在终端计算机“Machinename123”上检测到勒索软件变种且未清除而被触发的。

此告警是由于针对面向公众的 Web 服务器“login.xyz.com”进行大量外部登录尝试而被触发的。

此告警是由于域管理员“twall”将用户“testtest”添加到管理员组“xyz_TEST_ADMINS”而被触发的。

在你的分析中，这是读者首先会看到的内容，这将帮助他们快速了解告警的具体内容。

9.3　支持证据

本节用于列出在构建事件时间线时找到的支持性日志和证据。构建时间线本质上是查看告警被触发前后发生的事情。在随后的分析步骤中，将尝试确定该告警是否因恶意活动而被触发，还是存在其他无害的触发原因。然而，在此步骤中，我们仅收集和记录支持性证据，供后续分析使用。

注意　通常我会从 24 小时的前后时间线开始，然后根据分析的进展进行调整。但如果你希望扩大时间线，则需要提供更多支持证据。

我喜欢针对的第一部分支持证据是身份。添加目标的职位、用

户名、电子邮件、上次登录信息以及他们是 VIP 还是特权用户以及任何其他相关详细信息。

然后记录设备名称、设备 IP 地址以及你拥有的相关资产的任何信息。这是用户工作站还是服务器？是开发还是生产？

然后包括与告警相关的文件的任何信息、它们的哈希值、文件大小和签名者。

接下来，粘贴与该事件相关的日志，便于参考。包括终端日志、SIEM 日志、防火墙/网络日志、IDP/IPS 日志，以及任何在进行下一步分析时可能有帮助的记录。

开始思考此活动是否属于他们的工作职责范围内，以及内部有哪些工具可以提供该事件的信息。例如，此时可以检查工单系统，看看是否有任何维护活动正在进行，从而可能会触发该告警。

接下来，记录该账户最近执行的任何操作。例如，他们最近是否被锁定账户或更改了密码？他们最近是否下载过大文件或在短时间内下载过许多不同的文件？记录任何可疑的电子邮件操作，包括删除和发送异常数量的电子邮件。记录任何可疑的邮件转发规则。你需要记录该账户在时间线上执行的任何可能与触发告警相关的操作。

但请记住，我们正在调查告警以复制此阶段的证据。尽量不要过分追求任何理论。根据我的经验，一旦你盯着文本中的所有数据并在分析过程中思考一两分钟，你就更有可能得出正确的理论和结论。从时间上讲，在对证据有完整了解的情况下进行分析要快得多。

其他人将阅读此分析，并能够轻松快速地理解你是如何得出结论的。支持你进行分析的所有信息都应该包含在支持证据中。如果你的分析将你引向另一个方向，你可以并且应该回过头添加更多支持性证据。

9.4 分析

在本节中，我们将利用支持性证据，结合威胁情报以及外部和内部工具，对收集的信息进行评估。你需要尝试将支持性证据与恶意行为建立联系。这个步骤通常会用到很多在线工具，VirusTotal 可能是用于检查恶意指标(文件哈希、IP 地址、URL 等)信誉度的最常用工具，但如今任何自动化工具都可以执行这项工作。使你成为“优于机器的分析师”的关键在于你的细致程度。事实上，自动化工具尚未达到全面整合的程度，甚至缺乏用于检查所有内容的授权许可。不同工具对信誉的判断往往会有所不同。请检查 IP Void、URL Void、Spamhaus、AbusePDB、Cisco Talos，并记录尽可能多的信息。

以下是我常用的几个免费在线工具。

- **VirusTotal：**使用此工具对 IP 地址和 URL 进行研究。
- **Talos Intelligence：**使用此工具对 IP 地址和 URL 进行信誉检查。
- **IPVoid：**使用此工具检查特定 IP 地址的黑名单。
- **URLVoid：**使用此工具检查 URL 的安全信誉。
- **Reverse.it、Joe Sandbox、Any.run、Hybrid Analysis：**使用这些工具分析在线/离线文件和 URL 中的恶意软件。
- **Domaintools：**使用 Domaintools 的免费 whois 服务来研究注册人信息。
- **Threat Crowd：**Threat Crowd 是一个用于查找和研究与网络威胁相关的工件的系统。
- **TOR Exit Node List：**检查 IP 地址是否位于 TOR 出口节点上。
- **IBM X-Force Exchange：**检查 IoC 以获取 X-Force Exchange 中的信息。
- **Internet Archive：**使用 archive.org 了解网站运行了多长时间或过去的样子，恢复不再可用的页面、恶意软件样本或其他文件。
- **Urlscan.io：**使用此工具快速获取网站快照并进行信誉检查。
- **WhereGoes：**使用此工具查看链接指向的位置。
- **Reverse IP：**使用该工具找出 IP 地址上托管的网站数量。

- **Google：** 在未了解 Google 得出的结果之前，请永远不要对 IoC 做出任何分析。

注意 根据公司的核心资产和业务运作方式，不同公司处理网络安全的方式会有所不同。对于金融和制造等行业来说，网络安全对于维持正常运作至关重要，因此全面细致的防护显得尤为重要，这类公司通常希望超越合规标准。

一些小技巧

- 在本节开头每次都运行 Whois 并粘贴结果，可以节省大量点击和来回切换的时间。你会多次使用该域名或 IP 地址，这样也方便查找。
- Archive.org 也非常有用，但常被忽视。通过它可以查看网站过去的样子，我经常在需要估算网站存在时间的调查中使用它。
- 务必使用网站检查 URL 的具体跳转路径。我在几乎每次调查中都会使用 wheregoes.com。注意跳转的次数。有时乍看之下域名似乎合法，但在 wheregoes 中查看后发现有多个跳转。仔细观察，可能会发现这是一个精心设计的仿冒域名。
- 一定要用 Google 搜索一下。我对此再怎么强调都不为过。你可能拥有世界上所有的工具，但快速的 Google 搜索几乎总能为调查增加更多背景信息。常常能找到某个哈希的沙箱报告，从而省去自己执行的步骤。记住，自动化工具无法进行 Google 搜索，很多研究人员会在博客上发布关于恶意软件的分析，这些都是宝贵的资源。

注意 在谷歌搜索 IP 地址时务必小心，确保不会访问该网站。

- 对网站进行快照。如果你想访问一个可疑的网站，请在沙箱中的实时会话中进行。我个人喜欢使用 urlscan.io 进行快速信誉检查和快照，而 Joe Sandbox 更适合实时会话。你需要使用快照，因为你无法预知网站何时会被关闭。例如，网络钓鱼网站通常在攻击者获取到几个凭证后就会被关闭，并将 URL 重定向到合法网站。尽快进行快照。

必须每次都进行历史分析。在你的工单系统中，确定是否以前发生过类似情况。上一次针对该用户或设备的工单是什么时候？此外，这个攻击者以前是否出现过？如果是的话，常见的情况是，上一个分析师是如何处理的。重要的是不要轻易下结论；尽管情况可能相似，但这仅应作为本次调查的背景和验证线索。

在此步骤的最后，暂停一下。暂停以回顾到目前为止出现的所有内容，确保其准确性，并添加任何被忽视的支持性证据。

9.5　结论

本节陈述了导致你采取行动的每个部分的结果。告警原因、支持证据和你的分析应以准确、清晰和易读的方式按顺序呈现。确保这一部分不要过于冗长。目的是让读者能够阅读这一部分，并知道在之前的部分中查找更多细节的方向。结论的最后一句话说明了你采取的行动，每个结论必须包含一个行动。这可以简单到“由于误报关闭工单”，也可以是“隔离机器并上报给事件响应团队”。

示例：

此告警是由于用户“kmax”访问了一个包含可疑 JavaScript 的网页，该网页使用了重定向的 iframe。代理日志的证据表明用户被重定向到另一个网站，但导致了出现 404 错误。对引用网站的分析显示，该网站包含了重定向用户到潜在恶意网站的 iframe。该登录页面在 Virustotal、URL Void 和 URLScan 上具有恶意信誉。我已提交引用 URL 以将其重新归类为恶意，并关闭此告警，原因是未收到恶意软件。

此告警是由于用户“guam”访问了一个包含可疑混淆代码的网站。证据显示用户成功访问了该网站。在解码 JavaScript 后，我发现其中包含“eval()”语句。通过将“eval()”更改为“alert()”，我获得了登录 URL。通过 virustotal、senderbase、URLvoid 和混合分析对登录 URL 的分析证明该网站是恶意的。我已提交申请对该机器进行重装并重置了其凭证。

9.6 后续步骤

有时你已经对安全事件进行了及时处理，或者无法立即采取行动，仍然有一些待处理事项。例如，你刚刚将设备送去重装，需要在用户上线时跟进。或者这个工单是更大事件的一部分，并且它与主工单一起处于待处理状态。又或者在分析后你仍然不确定该怎么做，需要将其上报到 SOC 的更高层级。

在“后续步骤”部分填写 N/A 是完全可以接受的，这也是最常见的情况，因为你已经关闭了工单。如果这里出现任何情况，则需要对其进行跟踪，并且工单必须由更高层级或事件响应团队解决，否则不得进入关闭状态。此部分有时用于记录安全事件(security event)升级为安全事故(security incident)的情况，此时需要事件响应团队介入，因为该问题的严重程度已超出安全运营中心(Security Operation Center，SOC)通常所能处理的范围。如果资产是关键资产，或者有数据泄露的证据，或用户是享有特殊待遇的 VIP 用户，则可能出现这种情况。每个 SOC 都会定义什么情况能够构成升级为安全事故，并且工单已经经过了 SOC 的所有层级但仍未解决。

无论是哪种情况，如果工单仍然处于打开状态，则建议采取后续步骤。

9.7　小结

本章我要介绍的最后一种方法是屏蔽。所有你在分析中复制粘贴的 URL 都需要在句点周围加上方括号[.]，这是非常重要的。这可以防止任何阅读分析的人意外点击链接。

www[.]google[.]com

如果使用得当，这种方法可以为安全分析提供结构，使得 SOC 的高层能够更容易阅读，并为复杂的事件响应调查快速提供细节。它还可以作为你学习如何进行正确安全调查所用的工具。你可能会发现并不需要一直使用它，但我鼓励你学习这种方法，以便在需要时能运用。在过去的十年里，我一直在教授这种方法，一些公司选择在每个工单中使用这种方法，而一些公司则只要求他们的初级分析师将其作为培训工具，学习如何进行安全调查。在我之前的工作中，我负责面对客户的托管 SOC，客户常常希望在我们的分析师完成工单后进行“深度分析”，因为他们想要获取更多细节。在所有情况下，应用这种方法后，他们获得了所有想要的细节，从而相信我们做出了正确的决策。我知道这看起来可能会增加你的工作量，但从长远来看，学习应用这种方法只会对你的职业生涯有利。

9.8　模板

原因(Reason)

触发此告警是因为观察到了<特定用户/设备/IoC> <他们做了什么> 以及 <为什么它看起来是恶意的>。

支持证据(Supporting Evidence)

事件开始时间：
事件结束时间：
时区：

源身份(Source Identity)：
<所涉员工姓名>
<职位>
<用户名>
<电子邮件>
<经理/上级>
<上次登录>
<位置>
<标准/特权/VIP>

目标身份(Destination Identity)：
<所涉员工姓名>
<职位>
<用户名>
<电子邮件>
<经理/上级>
<上次登录>
<位置>
<标准/特权/VIP>

源设备：<告警中的源完全限定域名(FQDN)/主机名>
源 IP 地址：<告警中的源 IP 地址>
源设备类型：<端点/服务器/dev/prod/Web 服务器/域控制器等>
源电子邮件地址：<告警中源的电子邮件地址>

目标设备：<告警中的目标完全限定域名(FQDN)/主机名>
目标 IP 地址：<告警中的目标 IP 地址>
目标设备类型：<端点/服务器/dev/prod/Web 服务器/域控制器等>
目标电子邮件地址：<告警中目标的电子邮件地址>

文件名：<与告警关联的文件的文件名>
文件 MD5：<与告警关联的文件的 MD5 哈希值>
文件 SHA1：<与告警关联的文件的 SHA1 哈希值>

文件大小：<与告警关联的文件的大小>
签名者：<文件签名，如果没有签名者，则为 N/A>

原始 URL：

原始日志:
<粘贴相关日志>

账户操作：
<粘贴账户已采取的任何相关操作>

分析

whois：
<粘贴 IoC 的 whois 信息>

登录 URL(Landing URL)：<wheregoes 登录 URL>
域年龄(Domain age)：<域的年龄>
Reverse IP：<粘贴此 IP 上托管的网站数量>

VT：<virustotal 结果“3/63 为恶意”>
IPVoid：<ipvoid 结果>
URLVoid：<URLVoid 结果>

URLScan.io 结论：<恶意/干净>
Joe Sandbox 结论：<恶意/干净>

TOR Exit Node: “Y/N”

历史告警：
<粘贴用户/设备/威胁行为者的任何相关工单号>

Google 搜索结果：
<粘贴任何描述了 IoC 信誉/性质的博客或其他网站>

动作：
<写下你立即采取的行动，例如，禁用账户、重置密码、删除电子邮件等>

结论

<告警原因><分析的支持证据及其最终结论><你采取的行动以及你如何关闭工单>

后续步骤

<任何需要处理的遗留事项或建议事项>

第 9 章　测验

① 在 SOC 分析师方法中，建议用多少比例的时间来识别和了解导致安全告警被触发的原因？

Ⓐ 5%　　Ⓑ 10%

Ⓒ 40%　　Ⓓ 15%

② 在 SOC 分析方法的哪一步中应该收集并记录与告警相关的所有证据？

Ⓐ 结论　　Ⓑ 支持证据

Ⓒ 安全告警的原因　　Ⓓ 分析

③ SOC 分析师方法中分析支持证据的主要目的是什么？

Ⓐ 得出结论并采取任何必要的立即行动

Ⓑ 识别并了解告警的原因

Ⓒ 确定后续步骤(如果有)

Ⓓ 研究证据，检查指标的信誉，并确定行为是否恶意

④ 使用 SOC 分析方法开始分析时，建议的第一个操作是什么？

Ⓐ 立即隔离受影响的机器

Ⓑ 对涉及的域名或 IP 地址执行 whois 查询

Ⓒ 查阅供应商的文档或在互联网上搜索告警标题

Ⓓ 将告警上报给事件响应团队

⑤ 在 SOC 分析师方法中建议分配多少时间来得出结论？

Ⓐ 5%　　Ⓑ 10%

Ⓒ 40%　　Ⓓ 20%

⑥ 在 SOC 分析师方法的背景下，“后续步骤”部分应包括哪些内容？

Ⓐ 安全事件的详细说明

Ⓑ 结论阶段立即采取的行动

Ⓒ 如果工单仍然未决，则建议采取后续行动

Ⓓ 供更高层级审查的分析摘要

⑦ 按照 SOC 分析师方法，分析时屏蔽 URL 的目的是什么？

Ⓐ 确保文档的准确性

Ⓑ 防止阅读分析结果的任何人意外点击

Ⓒ 增强 SOC 环境的安全性

Ⓓ 遵守法律要求

⑧ 尽管人工智能和自动化工具在网络安全领域盛行，为什么 SOC 分析师方法仍然被认为有价值？

Ⓐ 因为它完全取代了手动分析的需要

Ⓑ 因为它确保更快地解决安全告警

Ⓒ 因为手动分析能够加深对威胁的理解和制定响应策略的深度

Ⓓ 因为它简化了记录安全事件的过程

第 9 章　测验答案

① 在 SOC 分析师方法中，建议用多少比例的时间来识别和了解导致安全告警被触发的原因？

Ⓐ 5%

SOC 分析师方法分配 5%的时间来识别和了解安全告警的原因。通过理解触发告警的原因，这一初始步骤对于确定调查方向至关重要。

② 在 SOC 分析方法的哪一步中应该收集并记录与告警相关的所有证据？

Ⓑ 支持证据

"支持证据"步骤中收集并记录与告警相关的所有证据。此阶段对于构建事件的全面时间表至关重要，可作为分析的基础。

③ SOC 分析师方法中分析支持证据的主要目的是什么？

Ⓓ 研究证据，检查指标的信誉，并确定行为是否恶意

分析阶段包括评估所有收集到的威胁情报证据，并使用各种工具来确定观察到的行为是否表明存在安全威胁。这一步对于区分良性和恶意活动至关重要。

④ 使用 SOC 分析方法开始分析时，建议的第一个操作是什么？

Ⓒ 查阅供应商的文档或在互联网上搜索告警标题

⑤ 在 SOC 分析师方法中建议分配多少时间来得出结论？

Ⓑ 10%

建议花 10%的时间来制定结论，其中包括安全分析的结果和采取的任何立即行动，这可确保有效总结调查结果，从而实现清晰的沟通和记录。

⑥ 在 SOC 分析师方法的背景下，"后续步骤"部分应包括哪些内容？

Ⓒ 如果工单仍然未决，则建议采取后续行动

"后续步骤"部分概述了如果工单仍然未解决，则需要采取

的任何建议的行动或后续行动。这可能包括额外的调查、升级程序或进一步的监控，以确保全面解决所有潜在的安全风险。

⑦ 按照 SOC 分析师方法，分析时屏蔽 URL 的目的是什么？

Ⓑ 防止阅读分析结果的任何人意外点击

用括号将句点括起来以屏蔽 URL 是一种安全措施，可以防止分析读者意外点击。这种做法有助于通过降低无意中访问恶意网站的风险来维护 SOC 环境的安全性和完整性。

⑧ 尽管人工智能和自动化工具在网络安全领域盛行，为什么 SOC 分析师方法仍然被认为有价值？

Ⓒ 因为手动分析能够加深对威胁的理解和制定响应策略的深度

尽管人工智能和自动化取得了进步，SOC 分析师方法仍然很有价值，因为手动分析为理解自动化工具可能遗漏的威胁提供了深度和背景。这种方法增强了 SOC 分析师做出明智决策和制定有效应对策略的能力。

职业转型者
退伍军人
大学毕业生
自学成才者

第 10 章

成功之路

本章将讨论针对特定背景的建议，以帮助你获得第一份 SOC 分析师职位。四个目标受众群体分别是大学毕业生、IT 行业的职业转型者、退伍军人和自学者。每个群体都有其独特之处，因此值得将本章作为你通往成功之路的一部分。

10.1 成功之路

本书让你了解 SOC 分析师的日常工作和在网络安全领域寻找第一份工作的通用策略。针对四个关键受众编写：刚毕业的大学生、从其他 IT 领域转型的人、退伍军人和自学者。本章将针对你独特的背景提供具体建议。

我将通过这四部分内容反复强调一个观点：除了需要具有扎实的技术技能，你必须证明自己的兴趣，并用实例来支持这一点。退伍军人拥有庞大的人脉网络和合作关系等待他们去连接；大学毕业生可以利用学校提供的就业服务；从 IT 其他领域转型的人通常已经积累了与网络安全相关的实际经验；最后，自学者的最大卖点是他们承担的个人项目和广泛的社区参与。

我建议所有担心在面试中没有太多话题的学生将现代蜜罐网络作为一个项目部署到 AWS，并附带几个蜜罐。从中获取数据并对其进行分析。我在第 9 章中解释了如何分析安全事件。针对蜜罐攻击者练习使用这种方法，找到有趣的讨论点，以便在面试中分享。

我将在本章中提到如何根据你的特定背景撰写简历。尽你所能撰写自己的简历，但刚开始的时候，很难突出你所知道的内容。我已代表你与 Resume Raiders 达成协议，可以提供 20%的服务折扣，只需使用优惠券代码 SOCANALYSTNOW。我没有收取任何佣金或任何折扣金，这将为你节省大约 60 美元的简历重写费用。所以让我们开始学习吧。

10.2 刚毕业的大学生

祝贺你！你已经或即将从大学毕业。这是一个重要的成就，我希望你学到了很多东西。如果你有过实习经历，那就太好了，因为你现在面临的挑战是缺乏经验。获得使用商业工具的经验是最困难的事情之一，因为这些工具成本可达数百万美元，并在高度复杂的企业环境中运行。但招聘经理对此是心知肚明的。他们寻找的是你在学校期间参与的任何项目、你承担的个人项目，以及确保你不是一个对网络安全只关心薪水的普通毕业生。很多人毕业时一无所知，对网络安全没有真正的热情或兴趣。你需要抵抗的正是这种针对应届大学毕业生的负面声誉。

你的简历应该反映你在学校期间参与过的项目。Resume Raiders 是一家专业的简历撰写服务机构，我推荐这家机构，并且我之前也用过，但你还有其他选择。了解一下你所在学校提供的就业服务，看看他们是否有人知道如何撰写简历，以突出你从课程学习中获得的经验。这应该是你的第一站，因为他们熟悉你在课程中学到的东西。如果你运气不好，也许可以找 Resume Raiders 修改一下简历。

你需要参与一个可以谈论的项目。有关你为何喜欢网络安全的问题是不可避免的，因此要做好充分准备，提供你参与过的项目的例子，尤其是那些你真正喜欢的项目。最终，你会被问到在网络安全领域的职业目标。通过正式教育，你获得了多种经验，你可能已经知道自己喜欢和不喜欢什么。因此，可以谈论你真正喜欢的课程和项目，并表示希望在 SOC 工作几年，以获取更广泛的经验，然后再决定职业方向。在 SOC 工作时，你会看到现实世界的运作方式，这往往与你在大学里所学的理想化知识截然不同。有时事情会很混乱，面临许多烦琐的流程，而你的梦想可能并不是实际情况。就像我当初成为渗透测试员一样，我非常喜欢黑客活动，并且已经做了很多年。我一直认为这是我在大学时想要做的工作，对此完全有信心。然而，当我开始在 SOC 任职，努力工作并成为渗透测试员后，我发现我完全讨厌这份工作！这真是糟糕！幸运的是，我已经有资格成为 SOC 分析师，所以我重新调整方向，最终找到进入安全工程领域的机会，也没有损失什么。从那以后，我再也没有偏离 SOC 的方向。

仅凭学位不一定能找到工作。虽然学位在任何职业中都很重要，但如今的重要性已大大降低。大多数大公司已经取消了要求拥有大学学位的规定，但仍有一些公司会要求。因此，你在求职时应优先申请那些要求学位的职位，因为拥有学位的人较少，竞争可能也会减小。

10.3　从 IT 领域转型

所以，你想加入令人兴奋的网络安全领域。正如你可能已经知道的，成为 SOC 分析师可能会涉及暂时的薪资降低，这取决于你在 IT 行业的资历，起薪大约在 80,000 到 100,000 美元之间。但你可能考虑这个角色是因为在 IT 行业遇到了瓶颈，经过研究发现网络安全领域的上升空间更大。也有可能你对网络安全的某个领域更感兴趣，而需要从 SOC 分析师做起。无论出于何种原因，你正在阅读这本书，成为 SOC 分析师正是你的目标。有几件事情你需要了解。

这很像 IT。你在 IT 领域遇到的问题和你在网络安全领域遇到的问题一模一样。随叫随到很常见，变化很快，不可避免地会遇到瓶颈，一段时间后你就会意识到这是一个被美化的客户服务职位。

你可能已经拥有适用于网络安全的认证。任何网络或 Microsoft 认证都是加分项，任何 CompTIA 认证也很好。一般来说，你可能对认证游戏很熟悉。你可能已经结束了 IT 职业生涯中的认证阶段，但要准备好以初出茅庐的 SOC 分析师身份重新开始。

这听起来好像我在劝阻你不要成为 SOC 分析师，但事实并非如此。我知道做自己喜欢做的事情对我们有多重要。我写书的唯一原因是我喜欢写作。做自己不喜欢的工作太难了，更糟糕的是，你可能不会擅长做这件事。我只会向喜欢网络安全的 IT 人员推荐这条道路。原因不重要，只要准备好在面试中讨论这一点就行了。

我建议你去 ISC2 网站看看，了解一下网络安全领域，然后用你在之前工作中获得的技能和经验来写简历。这些领域之间会有很多重叠。任何在 IT 方面拥有大量经验的人都有资格担任 SOC 分析师的工作，既然你拿起了这本书，你就已经知道你为什么感兴趣了。在本书适用的所有背景中，你的 IT 背景将使你更容易找到网络安全工作。

经验胜过一切。

10.4 自学者

召唤所有黑客。如果你搞了很多年黑客活动，并且想着如果能以此为生会多么美好，那么好消息是，这种情况经常发生，但有一些事情需要考虑。

你如何量化你在不该做的事情上的经验？首先，恭喜你没有入狱，我这么说的前提是你保持清白。如果你不清白，就不会有多少公司雇佣你。虽然有些公司会雇佣非常有才华的重罪犯，但这种情况很少见，他们通常会创建自己的公司，其他公司会雇佣他们作为承包商。但这种情况太罕见了，所以我不会详细讨论。

对于那些独自进行黑客活动的人，你可以这样做：参加像 TryHackMe 这样的活动，并跻身前几名。当被问及你的经验时，主动谈论你自己创建的实验室和实验环境，甚至在他们提问之前就给出详细信息。获取漏洞赏金并将其添加到你的简历中。参与社区项目或改进常用工具。撰写自己的博客，发布有关你研究的文章。

仅凭简历，你很难接到招聘电话并与所有其他求职者竞争。求职一章中描述的参加会议、黑客空间、创客空间和聚会的技巧绝对至关重要。你需要参加每一个会议并开始做出贡献。选择一个主题并进行演讲或只是帮忙准备咖啡。登录 LinkedIn 并添加 SOC 分析师，加入相关小组并积极参与。你需要撰写一份简历，你还需要认识内部人员，以便从一堆简历中挑选出你并给你提供一个面试机会。

在本书涵盖的所有背景中，这是最难找到网络安全工作的背景，因为你需要具有比大学毕业生多一倍的技能，而且你的简历能否从一堆简历中脱颖而出，也取决于你的运气。然而，从长远来看，你最有可能取得成功，因为激情是无法传授的。

在你建立起声誉并获得报酬之前，你必须免费做很多工作。

10.5　退伍军人

退伍军人有机会获得免费的网络安全培训和奖学金，这样他们就能够获得进入网络安全领域所需的知识、技能和能力(Knowledge, Skill, and Abilitie, KSA)。

CyberCorps®：服务奖学金(Scholarship for Service, SFS)计划是美国国家安全部(Department of Homeland Security, DHS)和美国国家科学基金会(National Science Foundation, NSF)合作的项目，该计划向优秀的本科生、研究生和博士生提供网络安全奖学金。符合条件的个人目前可以获得 27,00 至 37,000 美元的财政支持，用于在参与机构学习。

SFS 奖学金涵盖参与机构全日制学生的典型费用，包括最多两年的学费和相关费用。结合 9/11 后退伍军人权利法案(该法案为网络安全教育和培训提供长达 36 个月的经济援助)，退伍军人有机会获得网络安全学位而不必支付任何费用。

国家安全部通过联邦虚拟培训环境(Federal Virtual Training Environment, FedVTE)平台提供培训，这是一个在线、按需培训资源，可供政府雇员和退伍军人使用。FedVTE 提供超过 800 小时的网络安全和 IT 主题免费培训，从初级到高级不等。课程涵盖白帽黑客、风险管理、监控和恶意软件分析等不同领域。此外，它们还符合 Network+、Security+和认证信息系统安全专家(Certified Information System Security Professional, CISSP)等认证。

SANS 研究所的 VetSuccess 学院旨在支持退伍军人在网络安全方面付出的努力；不过，有人提到这个 SANS 项目更像是一张幸运的彩票。然而，通过退伍军人法案支付 SANS 学位的成功率还是相当不错的，这种学位课程将多个单独的认证整合在一起。这些认证在网络安全领域备受推崇。

一个常见的问题是，许多退伍军人过于关注认证，却没有获得进入技术入门职位所需的实际操作经验和深厚的理论知识。更糟糕的是，我与一些人交流后发现，他们也认为网络安全学位项目并没有很好地为退伍军人提供过渡支持，因为这些项目侧重于高层政策。

军队训练你寻找资格并满足服务奖章的要求。由于认证的价值不如实际的项目经验，这导致退伍军人以高于平均水平的比例受到掠夺性训练营的影响，使他们仍然没有资格真正胜任工作或通过面试。

注意：如果你选择学位课程，建议攻读一般计算机科学学位课程。

一个旨在应对日益严重的经验不足问题的项目是“雇佣我们的英雄奖学金计划”(Hiring Our Heroes Fellowship Program)。该项目为即将退役的现役军人、退伍军人和军人配偶提供最多三个月的实际工作经验，涵盖网络安全等多个领域。在 VMware，Jarrett 的 SOC

团队在 2022 年、2023 年期间赞助了四名 HoH 成员(HoH Fellows)，并成功全职聘用了其中一名退役水手。如果你想了解更多信息，请访问 **www.hiringourheroes.org**。

在你转型之前，请了解 Skillbridge。该计划允许现役军人在服役的最后 180 天内以实习生身份为公司工作(对企业免费)。他们继续享受军薪和福利，而公司则可以获得一名免费的实习生。这通常可以在退役后转为全职工作，但即使不能，这也能为你提供一些经验和推荐人。

此外，VeteranSec 是一个为参与或对信息技术和网络安全感兴趣的退伍军人提供的在线社区。该平台提供一个私人交流渠道，连接了超过 7000 名退伍军人，提供免费的培训视频、与企业的合作机会，以及一个包含教程的网络安全博客，其中包含帮助退伍军人职业发展的教程。

10.6　小结

我希望本章能为你提供一些额外的有用策略。这些背景中的每一个都为我们提供了洞察，帮助我们理解你面临的挑战和声誉问题，这些都是你在前进的道路上需要意识到的。使用本书中提供给你的工具，结合本章中给出的额外见解，为你的求职制订一个计划——如果运气好的话，能够获得面试的机会。并不是每个人在成功之路上都会有相同的经历。有些人的旅程会比其他人更艰难。我们并不都在同一条赛道上。我知道这可能不是你想听到的，但美国企业和整个资本主义都是一场游戏。一旦你了解了规则和推动你前进的因素，就可以制定策略，让自己对雇主更有吸引力。你需要为自己打造一个品牌。对我来说，一开始是证书和所受教育，但几年后，我在面试中甚至没有提到它，也从来没有人问过我，因为我们太忙于谈论经验了。如果你有经验，那一切都好。如果你还没有，就需要正规学校、社区、朋友、实习、前雇主，甚至你自己来为你背书，并提供例子来证明你的潜在价值。

对于那些“孤独”的黑客、自学成才的人，让我们都记住，无论情况如何，他们都是弱者，但他们是少数中的骄傲。请善待他们，与他们交朋友，你以后会感谢我的。

第 10 章　测验

① 关于如何成为成功的 SOC 分析师的章节没有专门针对哪些受众？

Ⓐ 医疗保健行业转型者　　Ⓑ 大学毕业生

Ⓒ 退伍军人　　Ⓓ 自学成才者

② 本章中提到的面试准备推荐项目是什么？

Ⓐ 创建个人博客

Ⓑ 在 AWS 上部署现代蜜罐网络

Ⓒ 开发新的网络安全工具

Ⓓ 撰写网络安全趋势论文

③ 下面哪项服务专门针对有抱负的 SOC 分析师提供 20%的简历服务折扣？

Ⓐ LinkedIn Premium

Ⓑ Resume Raiders

Ⓒ Indeed Resume Review

Ⓓ Monster Resume Writing Service

④ 对于自学成才、寻求 SOC 分析师职位的人来说，最大的优势是什么？

Ⓐ 他们所受的正规教育

Ⓑ 他们的职业网络

Ⓒ 他们承担的个人项目和社区参与

Ⓓ 他们的军事背景

⑤ 对于应届大学毕业生来说，应聘 SOC 分析师职位时面临的重大挑战是什么？

Ⓐ 资历过高　　Ⓑ 缺乏实际经验

Ⓒ 认证过多　　Ⓓ 过于专业化

⑥ 关于退伍军人部门的认证，常见的误解是什么？

Ⓐ 它们保证在网络安全领域找到工作

Ⓑ 它们不受雇主重视

Ⓒ 它们取代了对大学学位的需求

Ⓓ 它们比实践经验更重要

⑦ 哪个在线平台为对网络安全感兴趣的退伍军人提供资源？

Ⓐ Coursera　　Ⓑ VeteranSec

Ⓒ Udemy　　Ⓓ Khan Academy

⑧ 对那些从 IT 转型到网络安全的人员，在简历方面有什么建议？

Ⓐ 突出显示所有以前的职位，无论是否相关

Ⓑ 专注于网络安全认证

Ⓒ 撰写与网络安全相关领域的技能和经验

Ⓓ 淡化任何 IT 经验，以避免资历过高

第 10 章　测验答案

① 关于如何成为成功的 SOC 分析师的章节没有专门针对哪些受众？

Ⓐ 医疗保健行业转型者

本章专门针对大学毕业生、IT 行业转型者、退伍军人和自学成才者，而并不针对那些从医疗保健行业转型的人员。这突出了为进入网络安全领域的不同背景的个人提供量身定制的建议。

② 本章中提到的面试准备推荐项目是什么？

Ⓑ 在 AWS 上部署现代蜜罐网络

在 AWS 上部署带有几个蜜罐的现代蜜罐网络并分析数据，这是一个极具价值的面试准备项目。这个实践项目展示了候选人的实践技能和分析安全事件的能力，使其成为面试中一个很有价值的谈话要点。

③ 下面哪项服务专门针对有抱负的 SOC 分析师提供 20%的简历服务折扣？

Ⓑ Resume Raiders

据称，Resume Raiders 为有抱负的 SOC 分析师提供使用特定优惠券代码的简历服务 20%折扣。这项服务可帮助求职者针对网络安全领域量身定制简历，从而优化他们的求职流程。

④ 对于自学成才、寻求 SOC 分析师职位的人来说，最大的优势是什么？

Ⓒ 他们承担的个人项目和社区参与

对于自学成才者来说，他们最大的优势是他们承担的个人项目和对整个社区的参与。这展示了他们对网络安全领域的热情和自我激励学习，会受到雇主的高度重视。

⑤ 对于应届大学毕业生来说，应聘 SOC 分析师职位时面临的

重大挑战是什么？

Ⓑ 缺乏实际经验

应届大学毕业生经常面临缺乏实际经验的挑战，特别是在商业工具和复杂的企业环境方面。除了学术成就，雇主还会寻找任何能够展示应聘者对网络安全的兴趣和实践技能的项目或个人计划。

⑥ 关于退伍军人部门的认证，常见的误解是什么？

Ⓓ 它们比实践经验更重要

本章中提到的一个常见误解是过分强调认证而忽视实际动手经验，尤其是对于资深人士而言。虽然认证很有价值，但本章强调，对于入门级技术职位而言，实践经验和在现实情况下应用知识的能力更为重要。

⑦ 哪个在线平台为网络安全感兴趣的退伍军人提供资源？

Ⓑ VeteranSec

VeteranSec 是一个在线平台，专门为有意向转行从事网络安全工作的退伍军人提供私人交流渠道、免费培训视频、合作伙伴关系和网络安全博客。它是退伍军人在网络安全职业生涯中学习和进步的资源。

⑧ 对那些从 IT 转型到网络安全的人员，在简历方面有什么建议？

Ⓒ 撰写与网络安全相关领域的技能和经验

建议那些从 IT 转向网络安全的人员在简历中重点介绍与网络安全相关领域的技能和经验。此策略利用他们现有的 IT 背景，展示他们的相关技能，使他们成为 SOC 分析师职位的有吸引力的候选人。

第 11 章

真实的SOC分析师故事

在这一章中，我们将得知一些来自一线人员的故事：他们的背景、如何获得他们的第一份工作，以及他们给你提供的建议。这些人来自不同的背景，他们知道自己有重要的东西可以分享。他们开辟了这条道路，为你创建了一种可以追随的模式。所以，尽情享受他们的经历，跟随他们的旅程。

11.1 Toryana Jones，SOC 分析师

我的网络安全之旅始于 2015 年在奥古斯塔大学。当初，我选择心理学作为我的专业，但在参加迎新会后不久，我便转向了信息技术。在攻读学位期间，我在学校的服务台担任 IT 支持专员，负责为终端用户环境(包括个人电脑和外设)提供安装支持。我从这个角色中学到了很多知识，增进了我对设备及其使用的应用程序之间差异的理解。

有一天上班时，我注意到了一些陌生的面孔，了解到佐治亚州立大学正在与佐治亚商会合作举办网络佐治亚会议(Cyber Georgia Conference)。来自世界各地的网络安全专业人士参加了会议，以学习和交流，这场景让人惊叹。因此，我的网络安全之旅就此开始！下班后，我决定参加一场关于网络安全各个方面的主题演讲和小组讨论。我有机会与社区和我所在大学的知名专业人士建立联系。会

议非常精彩，结束时我决定追求网络安全的职业生涯。我当时并不知道，奥古斯塔大学最近宣布成立网络学院，并已开放招生。

进入网络学院学习网络安全专业是我职业生涯中做出的最明智的决定之一。我自愿担任 Girls Who Code 的学生导师，负责帮助年轻女孩使用 HTML、CSS 和 JavaScript 开发网页。这个机会让我加深了对源代码的理解，也教会了我如何简化和解释复杂的主题。

2017 年夏天，我自愿担任 GenCyber 的夏令营辅导员。GenCyber 是一个为期 7 天的住宿式夏令营，由国家安全局和国家科学基金会赞助。我喜欢在夏令营中度过的每一秒和它带来的体验；它让我对网络安全职业和国家劳动力的多样性越来越感兴趣。

通过奥古斯塔大学网络学院，我有机会参加 Hacker Halted、BSides Augusta 和 Women in Cyber security(WiCyS)等会议。我非常喜欢网络会议，因此我自愿参加 BSides Augusta，以提高该计划的知名度。大学四年级时，我有幸参加了在伊利诺伊州芝加哥市举办的 WiCyS，在那里我遇到了许多业内杰出人士，并从每位主讲人身上学到了新东西。在参加会议期间，我面试了几家公司，以下是我职业生涯中遇到的一些困难的面试问题：

- 基于签名的检测和基于行为的检测有什么区别？
- ping 在哪个端口上工作？
- 云端和本地的网络安全有什么区别？
- OSI 模型是什么？你在这个职位上会如何使用它？

2019 年，我获得了华纳媒体的 SOC 分析师职位。在面试过程中，我意识到 SOC 是一个团队环境，团队成员们真正享受自己的工作，我迫不及待想成为其中的一员!我在 SOC 工作的第一天接受了工具、剧本、工单文档流程方面的培训，并与团队中的其他分析师一起审查调查结果。

自去年加入 SOC 以来，我在这个角色中有了很大的成长。我有机会培训团队中的新分析师和实习生。我参与了安全剧本的改进和增强，确保我们的分析师以最有效和高效的方式应对安全威胁。我至今最喜欢的贡献之一是编写脚本并制作了一段信息丰富且有趣的视频，介绍黑客用于获取网络访问权限所采用的多种策略。我期待着继续在 SOC 的旅程，并在第一年中获得了丰富的知识！

自第 1 版以来的故事更新

大家好，我是 Toryana Jones，我想带你回顾我的网络安全之旅——这是一段非凡的旅程。你可能还记得我在第 1 版 *Jump-start Your SOC Analyst Career: A Roadmap to Cybersecurity Success*(《快速启动你的 SOC 分析师职业：网络安全成功路线图》)中提到的经历。现在，在 2024 年，我很高兴能更新过去几年塑造我旅程的丰富经历。

让我们回顾一下往事。我在网络安全领域的旅程相当曲折，充满了坎坷和成长。2021 年，我记录了自己从奥古斯塔大学信息技术专业学生到华纳媒体 SOC 分析师的成长历程，详细描述了点燃我对网络安全热情的关键时刻。

在 2019 年加入华纳媒体担任 SOC 分析师后，我有幸在不断变化的网络安全领域中游刃有余。每一次事件和调查都是学习和成长的机会，让我在网络安全领域真正产生了影响。时间快进到 2022 年 11 月，随着华纳媒体过渡为华纳兄弟探索(Warner Bros Discovery)，我自豪地担任了华纳兄弟探索的高级网络安全分析师。作为一个优秀分析师团队的领导，我全身心投入到剧本和标准作业程序(Standard Operating Procedure, SOP)的开发中。这项工作在公司合并后尤为重要，因为我们需要重新评估和完善公司的 SOC 运营，以适应组织不断变化的需求。

这样做使我们的团队能够迅速有效地应对新出现的威胁，确保我们所用的系统和数据持续安全。但这不仅仅涉及技术方面；还涉及建立关系、促进协作以及在 SOC 内营造卓越文化。

我在 SOC 的主要职责之一是担任技术升级的第一联系人。当出现挑战时，我的队友相信我会提供指导和支持。

作为第一联系人意味着不仅仅拥有技术专长，更是要在混乱中成为一个可靠的支柱。这包括与分析师紧密合作，提供指导，并调整响应措施以高效减轻威胁。此外，我还与事件响应(Incident Response，IR)团队合作，处理具有高影响力的升级事件，确保协调顺畅和事件分析的全面性。

无论是需要立即关注的重大事件，还是需要关注细节的复杂调查，我都会全程参与。因为在网络安全领域，没有犹豫的余地——只要同舟共济，共同努力，我们总能取得胜利。

但这不仅仅是为了“救火”；更重要的是预防火灾的发生。在我扮演的角色中，协作至关重要。我与安全编排、自动化和响应(Security Orchestration, Automation, and Response，SOAR)团队密切合作，以完善告警逻辑并确保进行准确的调优和白名单工作。通过这样做，我们提高了威胁检测的准确性并最大限度地减少了误报。

我也非常相信网络安全意识的力量。从参加远程工作安全互动会议到与网络安全意识团队合作开展计划，这让我能够为一种警惕和赋权的文化做出贡献，在这种文化中，每个人都具备了安全驾驭数字环境的知识和技能。

虽然我的职责涉及广泛的网络安全责任，但我对网络威胁情报这个迷人的领域尤其感兴趣。这不仅仅是为了理解技术上的复杂性；它还关乎破译网络威胁背后的意图，并领先潜在攻击一步。我的目标不仅是精通威胁情报收集和分析，还要培养一种战略思维，让我能够将情报转化为行动指导。

展望未来，我的目标是成为网络安全领域中值得信赖的顾问。我希望能提供可以付诸行动的情报，帮助决策者应对不断变化的新兴威胁。最终，我对网络威胁情报的热情源于我希望在网络安全领域产生真正影响的渴望。我对未来的机会感到非常兴奋。

回顾我的旅程，我为自加入 SOC 以来在角色上取得的显著成长感到自豪。奥古斯塔大学的网络学院为我的成功奠定了基础，并在我整个职业生涯中继续发挥着重要作用。我参与社区项目、志愿服务，以及参加像 Hacker Halted 和女性网络安全会议(WiCyS)这样的会议，展示了我回馈社会和激励未来一代的承诺。

展望未来，我期待在网络安全领域继续成长。我感激每一个挑战、每一个胜利和每一个教训。到目前为止分享的经历只是个开始，我迫不及待想要做出更重要的贡献。你知道吗？我才刚刚开始。所以，让我们为未来干杯——迎接新的冒险、新的挑战，以及在网络安全领域创造真正的改变。

11.2 Rebecca Blair，SOC 总监

在我的整个职业生涯中，在 SOC 工作是迄今为止最美好的时光。总是能与其他一起进行事件处理的人建立起某种程度的友谊。就我个人而言，每当调查大规模事件时，我总会感到肾上腺素激增。那种兴奋感来自你就是那个人，或是团队中的一员，将要解开这个难题，从而对你所在的组织产生直接的重大影响。

回首过去，从我刚开始工作到成为 SOC 运营总监，我没有任何遗憾，因为这一切经历让我走到了今天，但我希望能给自己很多建议。首先，在 SOC 开始职业生涯时要谦虚。就我个人而言，大学毕业后，我以为自己无所不知，但现实是，我不可能无所不知，因为网络世界瞬息万变。我参加认证考试之前没有学习，虽然我很幸运通过了，但我不建议这样做。我希望你在工作之余继续学习。在大学期间，我参加过 Capture-the-Flag(CTF)比赛，并不断学习；然而，当我刚进入职场时，我并没有继续这种趋势。最终，几年后，我意识到不断学习的重要性，并开始建立家庭实验室，更多地参与信息安全社区。我也希望我能理解工作和生活的平衡。我曾经是一个工作狂，并且不可否认现在仍然是，但是处理太多告警确实会让人感到疲劳，而当这种情况发生时，你更有可能对告警进行错误的评级或分类。

我希望我能早一点明白，每一天都会有所不同。在 SOC 工作时，你必须成为一个多面手，因为通常需要查看主机和网络日志，并且

需要具备广泛的知识，以便有效地进行事件处理。我最初并没有意识到没有两天会完全相同，而事实上，这正是我最喜欢在 SOC 环境中工作的原因。

最后，我希望我早一点知道的(也是最近学到的)是“假设善意”的概念。这意味着，当你遇到一个看起来不太好的用户告警时，不要立即假设他们是故意恶意的。有很多告警和事件都是因为某人没有意识到自己点击了一个链接，或者真的认为那个链接是合法的。有一次，公司进行全员钓鱼测试，钓鱼邮件中有一个链接，邀请大家报名参加聚餐。一名员工反复尝试打开那个表格，以便报名参加聚餐，直到最后才明白这个表格实际上是恶意的。因此，这也是我在职业生涯早期希望能够假设善意，而不是急于下结论，认为每个人都是试图破坏我们网络的内部人员。公平地说，这种情况确实存在。幸运或不幸的是，我参与了许多大规模的事件响应工作。在我职业生涯的早期，我接到老板的电话，告知我必须在周末去办公室加班。当我周六到办公室时，我被简要告知有 11 台服务器多年来一直处于公开可访问状态，我们必须对所有服务器进行日志分析，并检查它们被访问的每一年的日志。当时，我工作的公司是一个大型承包商的分包商，因此负责查看这些日志的整个团队只有我们几个人。我想，如果把我从那天起使用 Grep 命令的所有次数加起来，也比不上我在那个周末使用它的次数。

在我的职业生涯中，还有一些经历让我了解到许多组织仍然使用老旧软件的遗憾现实，因为他们没有预算空间去升级这些软件。我参与的第一个涉及客户的大规模事件，是一家提供终端检测软件的公司，自动启用了一个将终端上的文件发送到 VirusTotal 进行合法性审核的设置。关键是，任何拥有 VirusTotal 专业账户的人都可以访问上传给他们进行审核的任何文件，尽管这对恶意软件分析可能有帮助，但当客户联系你，表示他们看到了一些他们公司上传到 VirusTotal 的信息时，这就成了一个问题。这导致了持续超过一个月的调查，以确定上传了多少文件以及它们的内容。我们还必须与

VirusTotal 合作，要求删除这些文件。此外，我们还需要与终端公司合作，以禁用这个“功能”。另外一个较大规模的事件发生在几年前，一名承包商被发现将自己的工作外包给其他人。最初，该用户因试图安装违反公司可接受使用政策的软件而被举报。在对该用户进行辅导后，我们认为一切都很好。然而大约一个月后，我们注意到了一些异常的时间戳，以及来自该用户未居住地区的多因素认证推送被接受。通过大量的流量和日志分析，我们建立了一个全面的时间线，证明该承包商将自己的凭证交给了第三方团队，由他们完成工作。最终，这个承包商的合同被终止。

虽然这些是我有幸参与的一些大规模事件，但这种情况很少见。你更有可能对最终用户点击网络钓鱼链接或下载潜在有害程序进行事件响应。这就是为什么你需要不断培训和学习，以便在发生大型事件时做好准备。对于任何想要进入 SOC 世界的人，请记住这一点，继续学习和培训，始终努力将所有拼图碎片拼凑在一起，并享受其中的乐趣；最优秀的 SOC 分析师对这类工作充满热情。

自第 1 版以来的故事更新

自从我分享最初的 SOC 故事以来，我已经取得了巨大的进步，并想分享一些更新和额外的经验教训。自首次出版以来，我撰写了自己的书 *Aligning Security Operations with the MITRE ATT&CK Framework*，可以在亚马逊上找到纸质版和电子版。我还参加了多个播客的讨论，例如，和 Tines 合作的 *On the Hook Podcast*，并在 Blackhat 会议期间担任了内华达州的讨论小组成员。此外，我还接受了 Tech Target 的采访，并为 Enterprise Viewpoints 撰写了一篇名为 *Tips to Upping your Security Maturity* 的文章。最重要的是，我一直在持续推动 SOC 环境的进步。

我最近学到的第一课是关于 SOC 中角色多样化的重要性。多年来，大家都被归类为 Tier 1、Tier 2 或 Tier 3 分析师，这当然很好，但我发现除了云安全分析师和红队工程师，拥有分类分析师的价值更大。角色多样化使得在创建和处理新检测时，团队能够拥有不同的知识框架。例如，拥有一名红队工程师后，我的 SOC 团队能够定期进行紫队演练，以测试响应能力和触发检测的效率。角色多样化还提供了更多的交叉培训机会，这可以提高人才的留存率，并带来很好的职业发展机会。

我学到的第二课是，要开放地摆脱传统工具。在过去几年中，我们看到了一些轻量级的检测引擎工具，如 Anvilogic 和 Hunters，它们以较低的成本提供 SIEM 功能，并能够与传统的日志关联引擎(如 Splunk)和数据湖(如 Snowflake)集成。接受新工具可能在最初的集成上较少见，但通常能提供更好的支持，并能对产品路线图产生更深远的影响。通常，这些工具还可以为组织节省成本，这在不确定的经济环境中尤其有帮助。

我这些年来也有一些观察，例如，招聘方式正在发生变化，不再像十年前那样。我看到一些商业 SOC 环境从昼夜轮班模式转变为“全天候”(around-the-sun)模式。“全天候”模式是指在不同的地理位置雇佣 SOC 分析师，以实现 24×7 的覆盖，每个团队只需按照标准工作时间工作。我个人非常喜欢这种方式！我还注意到，传统学位的需求越来越低，很多组织会给候选人安排技能测试。有些情况下，像 Security+、Certified Ethical Hacker(CEH)以及 SANS 课程中的 Certified Intrusion Analyst(GCIA)或 Certified Incident Handler(GCIH)等认证可以替代学位。在 SANS 课程中，甚至还提供担任助教的机会，这样就能以大幅折扣的价格参加课程学习。还有无数的在线课程，例如，Udemy 的“Cybersecurity: Security Operations Center (SOC) Analyst NOW!”可以帮助你获得 SOC 职业所需的技能，而不必走传统教育路线。最终来说，我看重的是那些自发学习并具备关注细节能力的候选人。候选人表现出色之处在于他们能回答我们设定的假设性技术问题，尽管答案不一定完全正确，但能展示他们的思考过程——例如，他们会关注哪些日志或告警，提出哪些问题来获取更多信息，以此展现他们具有的批判性思维能力。

另一个观察是，我认为 SOC 要成功运营，必须捕捉到强有力的指标和完善的文档。不仅仅是组织政策的文档，我认为还需要为每种检测类型创建分诊操作手册(runbook)。通常，我建议将这些操作手册设置成流程图格式，以便任何新分析师都能轻松跟随分诊步骤。创建操作手册后，还应由不同级别的分析师进行多次测试，确保没有遗漏假设的知识或步骤。至于指标，需要有一种方法来衡量 SOC 的成功表现。首先，需要具备案件管理的工具，无论是在 SIEM 工具中还是通过与 Jira 或 ServiceNow 等工单平台进行集成。然后，需要测量关键指标，如平均检测时间(Mean Time to Detect, MTTD)、平均分诊时间(Mean Time to Triage, MTTT)和平均缓解时间(Mean Time to Mitigate, MTTM)。这意味着要衡量从发现问题到打开案件的时间，再衡量分诊花费的时间，以及关闭事件所需的时间。此外，记录分诊结果是否为真正的威胁或误报，将帮助你预测运营 SOC 所需的资源，从而提高效率。

我期待着继续我的 SOC 之旅，看看我还能获得什么其他的经验教训和观察结果。

11.3　Brandon Glandt，SOC 分析师

我从未想到自己会在疫情期间完成本科学习。在六个月内被解雇了两次，没能亲自走上舞台接受学位授予，我一度不确定未来的发展方向。

在本科期间，我在科罗拉多大学博尔德分校主修计算机科学和经济学。我还参与了一个名为“银翼协会”(Silver Wings Society)的职业和个人发展俱乐部。这个组织将普通学生与校园的空军 ROTC 项目连接在一起，以促进军事意识、国家防御和职业发展。其理念是，在职业生涯的某个阶段，平民和军人很可能会一起工作，所以这个组织帮助弥合了这一差距。

作为一个职业发展组织，银翼协会为成员提供奖学金和实习机

会。不过，只有一个实习项目符合计算机科学的广泛类别，即在华盛顿特区大都会区的一家网络安全初创公司担任 SOC 分析师。这是该组织提供的最具竞争力的实习机会，近 40 所大学中只有三名学生能被选中。我当时就想，我大概不会有机会，因为竞争非常激烈。但我还是决定申请，因为最糟的结果不过是被拒绝，没什么可失去的。我只需将简历寄给他们。不到 24 小时，我收到了网络运营副总裁的邮件，约定电话面试时间。看到这封邮件，我既震惊又兴奋，这意味着他们在我的简历上看到了他们感兴趣的东西。我们安排在当周进行电话面试。在面试前我有些紧张，因为我之前对网络安全没有任何经验或知识。那一周，我通过自学网络安全基础知识并了解该公司的使命和目标，为面试做了准备。到面试时，我已经不太紧张了。他们知道，我也知道，我在网络安全方面没有任何经验，我打算对此保持诚实。在此之前，我对我的专业方向感到有些迷茫。计算机科学领域非常广泛，我不确定自己想要从事哪一方面，但我希望继续学习，并全力投入一个新领域中。面试过程最终不像正式的面试，倒更像是一场愉快的交谈。当天，我便得到了这份实习机会。

几个月后，2019 年 5 月，我从丹佛驱车 24 小时前往华盛顿特区。那个夏天，我对网络安全的热爱大大增加。从威胁狩猎到熟悉网络和安全工具，我学到了很多东西。到夏天结束时，我已经在华盛顿特区建立了生活圈子，结识了朋友，也找到了一个可以努力追求的职业方向。银翼协会是我接触这家公司的完美桥梁，尤其是在连接平民与军人方面。公司整个高管层都是退役军人，CEO 是 NSA(国家安全局)和 USCYBER COMMAND(美国网络司令部)的前主任，公司中很多人曾就职于 NSA、国防部和军队。作为一名大学生，能与来自各行各业的不同人群共事，我感到既酷又着迷！在网络安全行业，能够与政府或军方的同事沟通协作是非常宝贵的。夏末时，所有实习生都需要在全体高管面前展示自己承担的个人项目。作为即将进入大四的学生，能够在实习期间完成自己的项目并向高管层汇报，是一次非常宝贵的经历。下一步就是毕业后回到公司成为全职员工，但距离毕业还有三个学期，一切还未成定局。

大四是我人生中最疯狂的一年。我努力在 2020 年 5 月毕业，夏天还需要额外修几门课。同时，我还是科罗拉多大学博尔德分校银翼协会的主席，并在镇上的希尔顿酒店做全职服务生。作为银翼协会的主席，我接手时，组织的状况并不理想。我们的成员在流失，如果不能找到更多成员，我们的分会就有被取消的风险。接任主席后，我们立即开始了招募和筹款工作。

春季学期一切顺利，毕业生们在筹备毕业事宜，而银翼协会也在准备前往拉斯维加斯参加全国年会。可是在 2020 年 3 月的前两周内，所有课程都改为在线教学，我也被酒店解雇了。新冠疫情席卷全球，每个人都在封锁和保持社交距离。一夜之间，整个世界都停摆了。在接下来的几周里，我对毕业和找工作的前景感到迷茫，尤其是对于像我这样预计到 2020 年 8 月才能正式毕业的人。于是，我立即登录 LinkedIn 寻求建议，询问我这种情况该如何应对。不久之后，我实习期间的团队负责人联系了我。他们了解到我因疫情失业后，表示愿意帮助我。不到一个月，我便成为公司的一名兼职内部 SOC 分析师。对他们在这艰难时期提供的帮助，我感到无比感激，也得以在毕业前重返自己想从事的工作岗位。计划是等我毕业后再转为全职。在夏天来临之前，一切看起来都很好。

学年开始时，我们只有八名成员，这是维持协会活跃所需的最少人数。当我将分会交接给下一任会长时，我们的成员人数已超过 20 人。到五月时，正值我们认为疫情最严重的时期，我的毕业典礼改为线上举行。我“走”过了虚拟的舞台，并被授予了年度银翼分会主席奖。

离毕业只剩八周了，一切似乎都在按计划进行。然而，几周后，我的经理打来电话，公司因新冠疫情不得不裁员。不到五个月内，我因疫情第二次被裁。以前从未想过会经历全球疫情，更没想过会因此被裁员一次甚至两次！在我的大学生涯中，经济持续高速增长，毕业生们也面临着众多工作机会。而 2020 届毕业生却面临着自大萧条以来最糟糕的就业市场。我决定专注于完成本科最后几周的学业，同时一边申请工作。我并不特殊，也不是唯一在这段时间经历困难的人。

2020 年 8 月比我想象的来得更快——我终于正式大学毕业了！虽然毕业并不是我期待的样子，但没有人能夺走我的毕业证。接下来的目标是找到一份工作。当我不在课堂或学习时就不停地申请工作，可能投了数百份简历。然而，回应的公司却寥寥无几，大概只有三四个公司联系我，可能是安排下一步面试，或是告知职位已满。我开始改变找工作的渠道和方式，转而寻找不同的招聘机构。有一天，一位招聘人员打电话告诉我，Darktrace 有一个职位空缺，似乎很适合我。我们多次见面，不是准备面试就是确保我符合 Darktrace 的要求。经过为期一个月的过程，我终于进入了最终面试轮次。与此同时，我继续在其他地方寻找工作，并偶然发现了丹佛的一家公司，名叫 Nuspire。在 Darktrace 的面试过程中，我也在 Nuspire 参加面试，并在短短几周内也进入了最终面试阶段。

我更喜欢 Nuspire 的工作，因为这是一个新职位，对我来说需要面对更大的学习挑战，尽管我对这两份工作都很满意。在完成了每家公司的最终面试后，我满心期待地等待结果。大约一周后，我接到了一个电话，通知我成为丹佛 Nuspire 的新任 SOC 分析师。我立刻接受了这个职位，因为这是我的首选，我感到无比兴奋和激动。

显然，这并不是一个典型的大学毕业生求职故事，但谁的故事又是呢？我的故事是独特的，在这个过程中我学到了很多。在大学期间，我非常高兴自己尽可能地积极参与银翼协会的活动、上学并从事全职工作。我无法告诉你我试图招募多少朋友加入银翼协会，只是为了让他们能够获得奖学金和实习机会。他们所失去的只是一小笔年度会员费。然而，我的许多朋友错过了很多很棒的实习机会，这些实习可能帮助他们找到现在的工作。人际关系也是一个重要因素。他们本可以建立的那些人脉可以帮助他们在整个职业生涯中取得许多帮助。以我的故事为例，如果我从未申请过那个实习，我可能会多失业三个月，而且简历上不会有额外的经验。我强烈鼓励大家大胆尝试新事物，即使你对它不确定或认为自己不会被选中，最糟糕的结果就是你保持现状。我无法过多强调人脉的重要性。这些只是我在追求目前成就的过程中学到的一些经验教训。

如果我可以给某些人提供一些建议，无论他们处于与我类似的位置还是完全不同的位置，那就是尽你所能。加入那个俱乐部，即使你最终不会参加每一次活动。申请奖学金，即使只有几百美元。发送简历去申请那份可能不太符合你资格的工作或实习，你有什么好失去的呢？我们都听过这样一句话：不去尝试就会错过每一个机会。

这只是我故事的开始，而我只会越来越好。作为一名现任 SOC 分析师，我也在努力学习，以便尽快参加 Security+认证考试，然后再考取 Network+考试。未来，我希望尽可能多地学习，同时熟悉这个行业。有一天，我希望能够保护旅游公司，无论是酒店行业、航空公司还是邮轮行业，并在社区中成为一名领导者。

自第 1 版以来的故事更新

自那时起，许多事情都发生了变化，我取得了 Security+认证，目前在 Coalition Inc.工作，这是一家网络保险公司。这是我在网络安全职业生涯中的一个重要里程碑，这段旅程始于全球疫情的不确定性。

我的职业道路并非一帆风顺，起初经历了裁员和虚拟毕业，然后在科罗拉多大学博尔德分校探索我在计算机科学和经济学方面的热情。我参与银翼协会，它是一个职业发展组织，从而成为我职业生涯中的关键时刻。这让我获得了在华盛顿特区附近的一家网络安全初创公司担任 SOC 分析师的实习机会。这段经历充满了学习和个人成长过程，进一步激发了我对网络安全的热情。

尽管我在大四面临许多挑战，包括在会员数量下降的情况下领导银翼协会和平衡学业，但我仍然坚持下来了。新冠疫情带来了意想不到的困难，包括裁员和转向远程学习，但也让我在毕业前获得了一份内部 SOC 分析师的兼职工作。我的主动出击和韧性使得我在毕业时成功主持了一个繁荣发展的银翼分会，并在丹佛的 Nuspire 公司获得了一份全职工作。

现在，我在 Coalition 工作快三年了，从未想过自己会进入网络保险行业。

在 Coalition 任职期间，作为一家领先的网络保险公司，我深入研究了网络保险这一重要领域。这一领域旨在保护组织免受网络威胁和数据泄露所带来的财务后果。作为安全分析师，我的职责是多方面的，影响深远。我运用我所学到的网络安全专业知识来评估和降低客户的风险，确保他们在不断变化的网络威胁环境中得到保护。这包括进行全面的网络安全评估、设计和实施强有力的安全措施，并持续监控客户系统的脆弱性。

回顾我的历程，我强调抓住机遇的价值、人脉的重要性以及接受新体验的意愿。我对其他人的建议是积极参与，即使有疑虑也要努力，并利用每一个机会成长。现在我专注于推进我在网络安全领域的职业生涯，我的故事证明了决心、适应能力和不断追求职业发展的力量。

11.4　Kaylil Davis，SOC 分析师

我叫 Kaylil Davis，今年 21 岁，是一名拥有两年经验的安全分析师。与其他安全专业人士相比，我的职业道路非常不寻常。我只有高中文凭，没有大学学位，也没有获得任何认证。我并不是从青少年时期就开始学习编程的，也不是那种计算机天才，更不可能懂得网络安全的全部知识。事实上，我现在才刚刚开始学习编程，并通过哈佛的 CS50 课程和其他免费资源来加深对计算机的理解。那么，我是如何成为 SOC 分析师的呢？

大约在我 12 岁的时候，每天放学后我都会玩我最喜欢的游戏

Call of Duty 4: Modern Warfare(《使命召唤 4：现代战争》)。有一天，我加入了一场游戏，发现其他玩家在飞行、瞬移，他们的装备也是游戏里顶级的装备。这些玩家竟然是黑客！这是我第一次目睹黑客的操作，令我震惊不已。我想知道他们到底是怎么做到的，于是我看了很多视频，并在网上查找答案。最终，我发现了一个网站，可以将这些“黑客工具”下载到 U 盘并格式化后在游戏机上使用。那段时间我玩得很开心。后来，我学会了如何使用 Windows 命令行。每当朋友来我家时，我就会打开命令行界面，输入“Color A”并不断输入“tree”命令，让他们觉得我在做些很酷的事。不用说，我妈妈的笔记本电脑在我的早期“黑客”冒险中受到了不少“摧残”。直到今天，她还不知道为什么她的电脑变得特别慢，而且装了她从来不使用的软件。这些经历激发了我对计算机的兴趣。

最初，我想成为一名网站开发人员。在高中最后一年，我自学了 HTML、CSS 和一些基础的 SQL，并准备开始学习 JavaScript。然而，那时我意识到我并不喜欢自己所做的一切。我不喜欢设计网站，也不喜欢整天练习编程。于是我开始研究职业选择，并发现了网络安全领域，这也是我最终在大学所追求的方向。

大学对我来说非常艰难，我完全没有做好准备。我强烈建议大家一定要培养良好的学习和时间管理习惯。我当时既没有养成这些习惯，也只想做自己感兴趣的事情。我不想上选修课，什么都不想学，只想上所有与 IT 相关的课程。然而，我们都知道，大学并不是这样的。你会有任务相关的截止日期、各种作业，而且课堂教学的学习方式通常比较单一。

我也是一个注重实践的学习者，这使得大学对我来说更加困难。我认为我在学校所做的实践学习不到 25%，其余的时间都花在了看 PPT 和阅读书籍上。

这里有个建议：如果你打算从事网络安全工作，我建议你先主修其他 IT 相关领域，然后再转向网络安全。如果让我重新来过，我会选择网络工程或计算机科学学位，先积累工作经验，再专攻某个领域，然后再转向信息安全领域。这样我的技能能够更好地迁移，学习曲线也不会那么陡峭。尽管网络安全学位并非一无是处，但这个领域要求你在某个岗位上拥有特定的技能和专业知识。在信息安全领域，经验为王，远比证书和学位更有价值。也就是说，虽然偶尔也有例外，但仅凭网络安全学位很可能并不足以让你获得工作。在大学二年级时，我参加了社区大学举办的职业招聘会，并获得了杜克大学的安全分析师实习机会。开始实习后，我才真正认识到现实的差距。大部分课堂上学到的知识在实际工作中并不适用。当时我甚至不知道什么是 SIEM(如果你不知道，马上去查一下！)，大多数时候我对自己看到的内容一头雾水。不过，在职培训非常好，几个月后，我逐渐培养出敏锐的观察力，能够识别钓鱼邮件和日志中的可疑活动。

大约在这个时候，我因个人原因辍学了，但这并未阻止我继续学习。这也引出了我的下一个建议：永远不要停止学习。在 IT 行业，尤其是网络安全领域，个人成长是非常重要的。如果你想在这个领域取得成功，那么下班后不要回家什么都不做。回家后学习一项新技能的基础知识，学会操作 Linux 系统，学习 Python 脚本编写，尝试渗透测试以了解一些攻击方式，并向其他专业人士请教问题。提问往往比单打独斗能让你走得更远。

建立人脉的一个好方法是创建一个 LinkedIn 账户，并联系业内人士。向他们咨询学习资源和工作职责方面的问题。仅仅通过这种方式，我就了解到 Linux CTFs、TryHackMe、Professor Messer 等免费的认证学习资源等等。

实习一年后，凭借工作经验和自己做的项目，我开始申请正式工作。我参加了大约八次面试，并发现了一件重要的事：工作面试是技术性的，他们会考察你简历上所出现的每一项内容。所以，如果某项技能出现在你的简历上，确保你真的了解它，因为他们会详细询问相关内容。如果有不懂的地方，就坦诚承认，并请求解答和解释。这不仅表明你诚实，而且愿意学习。每次面试后，我都会回顾自己没答出的那些问题。我参加了大约八次面试，尽管有几次我感觉表现不错，但还是没有拿到 offer，不过我没有放弃。

大约实习一年半后，我接到了一位招聘人员的电话，推荐一个初级安全分析师的职位。我毫不犹豫地抓住了这个机会，带着自信前去面试。当他们问到一些我不熟悉的技术时，我坦诚地表示自己了解不多，但我愿意学习；而对于我已经掌握的技能，我会进一步提升。最终，我得到了这份工作。

如今，我处于一个依然让我觉得不可思议的阶段。我的团队非常优秀且乐于助人，我也重新开始攻读网络安全学位，同时准备 Security+认证。这段旅程充满了自我成长，过程中有时也会想放弃，觉得自己得了“冒名顶替综合征”，但我坚持了下来。我下定决心要发展自己的职业生涯，战胜种种困难。

作为一名安全分析师，我的职业生涯充满了挫折与收获。有时，我会坐在屏幕前，阅读所有这些数据，试图找出一些线索，但往往一无所获。有时需要连续研究近一个小时，才能找到一点头绪。例如，有一次我遇到了一种名为 DoublePulsar 的恶意软件，当时我完全不知道它是什么，如何检测，或者如何防范。我查阅了许多资料，尽可能去了解它，以便能够有效地报告。这种情况很常见，但最终的努力总是值得的。

我职业生涯的下一步是在提升分析师技能的同时，进一步学习渗透测试。最终，我希望能转行到渗透测试领域。我觉得我的分析师技能可以很好地迁移过去，而那正是我真正想去从事的方向。如果年少的我知道有这样的职业，肯定会努力去追求。

促成我成功的因素是我对网络安全的热情，以及我愿意投入大量时间去取得成功。我不是被薪水或酷炫的职位所驱动，而是被这份职业所带来的好奇心激励着，这份职业让我不断成长与进步。

我对任何刚起步的人的建议是放开思维，学习更多吸引你兴趣的事物——如何执行 SQL 注入、社交工程基础，阅读你感兴趣主题的相关书籍。如果你目前不是一名安全分析师，那就自己动手积累技能，证明你的能力。学习如何使用 SIEM，使用 GNS3 配置网络，启动一些虚拟机，通过参加 CTF 来学习 Linux，玩转 Kali，做任何能展现你潜力的事情。个人项目永远不会出错。这听起来比实际要难，但相信我，如果你真的想做到这一点，你一定会实现。我和你并没有太大的不同，所以我知道你也能做到。

自第 1 版以来的故事更新

嗨，大家好，我是 Kaylil。距离你们大多数人阅读我关于如何开始安全职业的故事已经有一段时间了。现在，我来更新一下我的安全职业生涯！

三到四年后，我在一家公司工作，团队非常出色。我还在兼职上学。我在目前的公司工作了大约三年，加上我的实习经验，整体经验将近五年。在我现在所扮演的角色中，由于团队较小，我们需要做各种各样的事情。我们四个人要服务数千人。我是电子邮件安全和网络钓鱼方面的专家，但也参与了许多其他安全领域的工作，例如，杀毒软件、事件响应，甚至一些自动化！这太棒了，以前在编程方面我总是陷入困境，但你真的只需要找到一些重复性的工作，想想你厌倦做的事情，这就是你参与的项目了，哈哈。我还能够自愿参与一些超出我职责和技能范围的项目。我最喜欢的一个是 AWS 项目。在这个项目中，我基本上就像是云架构师的杂工。我只用谷歌、YouTube 视频和一些“胶带”，就搞定了一个解决方案，哈哈。

我在目前的角色中学到了很多东西。我的团队成员在公司工作时间比我长，仍然有很多内部知识我尚未掌握。他们竭尽所能教我所有能教的，如果他们有问题，也会抽出时间和我交流。说实话，我真心觉得没有比这更好的团队了。起初的一两年就像是在从消防栓里喝水。现在，随着责任的增多，就像是在海啸中游泳，哈哈！但我还没淹死呢！

如果我告诉你们我现在是个专家，了解所有网络安全的知识，那我就是在撒谎。实际上，我仍然觉得自己一无所知！哈哈，这有点戏剧化，但请听我说。网络安全领域有很多领域和工具。你不可能了解所有，这没关系。我几乎每天都学到新的东西，这种情况可能会在我和你们的整个职业生涯中持续下去。这很棒，也是你应该期待的事情。

我职业发展的下一步是成长并选择一个专业方向。目前我拥有 Security+、CySA+和 BTL1 证书。与此同时，我也在开始存钱，以便购买 SANS GCIH 课程，明年我还在考虑考取 CISSP。我在职业道路上有些犹豫，可能会选择从事 DFIR(数字取证与事件响应)、GRC(治理、风险管理与合规)或安全工程。我正在学习每个角色相关的一些知识，直到我做出决定。但时间会告诉我将会在哪里发展。希望下次我更新的时候，能有一些激动人心的消息告诉大家！

顺便说一下，我告诉过你们我开始组建家庭了吗？我有一个很棒的未婚妻，还有一个八个月大的小男孩。我让他坐在我的腿上，试着向他解释我刚学到的东西，就像他是我的“小黄鸭”一样。他会给我一个“认可的点头”，实际上他只是看着我，像是在说我真是个疯子。生活的变化真是太快了。如果你有想完成的事情，就从现在开始，今天就行动！时间至关重要，我的朋友。

11.5　Zach Miller，SOC 分析师

我目前是一家名为 Agile Blue 的优秀初创公司的网络安全 SOC 分析师。我在高中最后一年接触到了网络安全，数学老师教授了一门计算机科学入门选修课，并建议我选修这门课。在上这门课之前，我对计算机相关的任何知识都一无所知。这门课让我了解了计算机科学的基本概念和一些简单的编码。我非常喜欢这门课，因此在申请大学时决定探索职业生涯。我发现网络安全正在一些大学成为新开设的一个专业，我觉得计算机安全方面看起来非常有吸引力。在我上大学的前一个夏天，我有幸跟随一位大型公司的首席信息安全官(Chief Information Security Officer，CISO)实习了一天。当我见到

这位 CISO 时，我更进一步加深了对安全领域的兴趣。这次机会让我对大型组织的网络安全部门有了一点了解。我只在那里待了一天，可能没有看到全部情况，但我对网络安全的追求因此更加坚定。

因此，我的下一步是寻找一所能够让我主修网络安全的大学。在我所有的志愿中，我选择了坦帕大学，主要有两个原因——美丽的佛罗里达天气和开设有网络安全专业。当时，这还是一个相对较新的专业，一些学校刚开始开设。我加入了网络安全和技术俱乐部，并担任了执行委员会的职务。主要是网络安全俱乐部，还有商业与信息技术俱乐部。这些俱乐部提供嘉宾演讲、实验室和实践课程，以及网络安全社区内的团队合作，进一步激发了我的兴趣。我很幸运在大学三年级的夏天获得了一家大型银行的网络运营实习机会。这段经历让我对大型机构中的网络安全团队如何运作有了很好的理解，也为我在目前公司获得第一份 SOC 分析师的职位铺平了道路。

在坦帕大学期间，我有机会加入许多学术俱乐部并获得领导角色。这是一个让我参与当地网络安全社区的绝佳体验，也让我想给所有想进入这个行业的人提供一个建议——保持学习的渴望并积极参与。如果你不跟上行业的发展，你就会被淘汰！开始建立人脉，与他人进行交流，提问并向周围的人学习。从我的经验来看，这个社区是一个令人惊叹的合作平台，有很多人愿意帮助初学者，你所需要做的就是提问。网络交流和提问，加上我自己对学习和发展的渴望，可能是我取得成功的最大因素。我相信这两者是密切相关的——你可以提问并获得建议，但接下来要行动起来就得靠你自己。积极参与 LinkedIn 和其他社交媒体平台。在这里，你可以与那些已拥有预期职位的人建立联系。当我在申请工作时，我每天会联系无数个已获得我认为自己可能感兴趣的职位的人。这让你能够听到那些从事这份工作的人的故事，了解他们是如何进入这个行业的，正如我在这里所做的那样。参与网络安全的聚会和会议，以及任何能让你展现自己并与合适的人建立联系的活动。你可能之前听过这样一句话，并且可能会继续听到——不是你知道什么，而是你认识谁。

这句话在我的经历中得到了证实，尽管我对其中的某一部分有些不同看法(稍后我会详细讨论)，但在某种程度上它确实是正确的。

那么，我是如何参与网络安全社区的，你又该如何参与呢？在大学最后一年，我的任务是进行一个项目，内容是采访一位公司或行业的经理或领导，目标是了解我们在大学毕业后想要从事的工作。我联系了一家名为 Red Seer Security 的著名网络安全公司。我很幸运得到了回复，并能够采访他们的高层领导。言语无法形容我在这次经历中的感受，以及这次经历对我的职业道路有多大的推动力，但我会尽力而为。通过这个项目，Red Seer Security 的优秀团队介绍我参与了他们即将举办的网络安全会议——Hack Space Con。我必须走出自己的舒适区，独自驱车三个小时，穿越佛罗里达州。当时，我只有抱负和对自己的承诺，我跳上我的车，启程而去，心中充满希望。如果不是这次经历，我就不会被邀请回去继续参与他们举办的下一个会议——在肯塔基州举办的 Hack Red Con！这是我将继续做下去的事情，只要我有能力，社区曾经给予我帮助，现在轮到我回馈这个社区了。

在 Red Seer Security 团队的慷慨帮助下，我得以参加这些会议，并且几乎使我的人脉翻了一番！不仅如此，我还通过与人们的面对面交流建立了永久联系。直接给某人发私信很简单，但面对面接触则需要更大的勇气，所以，赶快走出你的舒适区吧！这并不是像 DEFCON 或 Blackhat 那样的大型会议，但它是一个参与的机会。无论你身处何地，都会有本地会议、聚会或社团可以参与。通过参加这个会议，我能够申请 Red Seer Security 对应的非营利组织发起的指导和认证项目：Build Cyber。这个组织的目标是帮助社区，特别是那些处于弱势、低收入和性格多样化群体的社区。作为一名苦苦挣扎的大学生，这对我来说是个绝佳的机会。不久之后，我就收到了他们的录取通知。如果不是通过网络建立联系并采访 Red Seer Security 团队，我根本不会知道他们举办的会议。没有这些会议，我也不会有机会申请 Build Cyber。这是一个真实的例子，说明了参与、建立人脉和走出舒适区如何深刻地改变了我的职业生涯。通过被这个项目录取，我很幸运能够学习 TCM Security 的实用网络渗透测试员认证。

越早获得认证，招聘人员/招聘经理将你的简历与其他人的进行比较时你就越容易获得这份工作。早些拿到证书会大大帮助你踏入这个行业，这是我之前严重忽视的一点，并最终为此付出了代价。认证能让你在求职中脱颖而出，因为它不仅表明你具备所需的技能(或者帮助你掌握这些技能)，而且还展现出你主动去获得这些技能的决心。市面上有很多不同的认证可供选择，但我不会逐一介绍。相反，我建议你浏览那些你感兴趣的 SOC 分析师职位的招聘信息，看看他们更偏好哪些认证。回到那句老话——不是你知道什么，而是你认识谁，认证可以帮助你解决前半句对应的问题。获取认证有很多好处，但我想专注于其一，即它能向未来的雇主验证你的技能。如今大多数甚至几乎所有的 SOC 分析师职位都要求持有认证。拿到认证不仅能满足职位资格要求，还能让你比未持证的其他候选人更有竞争力。如果你想学习新知识、验证你的技能、让你的简历通过招聘经理(或人事部门)的筛选，或者只是想丰富你的简历，认证无疑是推动职业发展的有效途径。

在我成功获得第一份 SOC 分析师职位之前，我的生活经历充满了坎坷。在申请实习时，我本以为会很快得到一个机会！当时，网络安全行业蓬勃发展，机会很多。你不需要有任何经验就可以找到实习工作，因为实习不就是为了积累经验吗？我可以通过实习获得工作经验，对吧？我并不是一个全 A 的学生，但也不至于不及格。我算是中等，成绩里有 A，也有 B、C，还有一个 D。我确实有一次没通过某门课程，总的来说我的 GPA 并不令人印象深刻。在学校寻找实习机会时，我一共申请了 138 个实习职位(是的，我记录了所有的申请)。其中 63 个被拒，获得了 7 次面试机会。其余的申请则根本没有收到任何回复。那我最后是怎么拿到实习的呢？靠的是人脉。我通过人脉认识了一个人，最终成功获得了实习机会。毕业后，我又申请了 125 份全职工作(这我也记录了)。其中 72 个被拒，只有 5 个公司安排了面试机会，包括我现在的公司。其余的申请则没有收到任何回应。尽管我有“很有吸引力”的网络安全实习经历、网络安全学士学位、辅修了管理信息系统，以及所有的学术和志愿者经验，我还是没能轻易找到全职工作，尽管我投递了无数份申请。那我现在的 SOC 分析师工作是怎么找到的呢？靠的是人脉。我通过建立联系认识了更多的人，然后我的人脉把我推荐给了其他人，最终在申请中我能写下一个推荐人的名字。这至少帮我获得了一次面试机会，我在面试中表现出色。几轮面试之后，我终于如愿以偿，成为一名全职 SOC 分析师。

所有这些都表明了融入社区、建立人脉的重要性——多去结识人脉，走出去，走出舒适区。通过认证来增加机会。永远不要停止申请，并保持对知识的渴望！在这个行业中，你学得越多，就越会意识到自己还有多少不知道的东西。网络安全行业的美妙之处在于它实际上是一个庞大的社区，大家愿意互相帮助。无论你是在学校学习网络安全，还是想转行进入网络安全领域，都要不断前进。当然，我也曾在投递了 50 份，甚至 100 份申请后想过放弃。但是我没有，因为我保持了坚持，不断尝试。即使你需要暂时做一份与网络安全无关的兼职或全职工作，也要继续前进。相信这个过程，最重要的是要相信自己和自己的目标。当我感到气馁时，会告诉自己一切最终都会好起来。只要努力，总会得到那份理想的工作！

11.6　Matthew Arias，SOC 分析师

我叫 Matthew Arias，目前是一名三级(tier 3)SOC 分析师。我持有 11 项认证，但没有正式的大学学位。我在海军中担任 IT 职务已有十年，从事过各种工作，从 tier 1 到 tier 3 的故障排除，到技术更新、服务器安装、GPO 实施、域集成，以及漏洞合规、报告等工作。真正让我在网络安全领域突破的，是在海军最后的三年半里，我加

入了一个网络防护小组。在那里，我学会了如何进行计算机网络攻击，编写 shellcode，掌握了一些汇编语言知识，还学习了数字取证和网络流量分析。在派遣到中美洲和南美洲执行事件响应任务期间，这些技能都得到了实践应用。我非常幸运能够在那里工作，积累了宝贵的经验，并接触到了我后来常用的工具，例如，Splunk、Kibana、Tanium、Security Onion、Bro/Zeek 和 Wireshark。

从小我就对网络安全和技术充满兴趣。我清晰地记得自己在大约 10 岁时第一次接触电脑的情景，那时我在一个盒子里发现了一台旧的苹果电脑。当时电脑没有连接任何东西，也没插电源，我花了几个小时去连接 PS/2 接口、电源线和 VGA 线，使它正常工作。现在回想起来，这其实只需要一分钟就能完成，但当时那种技术对我来说很陌生。我经常在上面玩一个迷宫游戏，还会在记事本里随意写些东西。对我而言，这是一个非常关键的时刻，现在回想起来，这就是我对技术产生好奇心的起点。这种好奇心一直持续到我的青少年时期，那时我的朋友们会用木马互相恶作剧，例如，让鼠标乱动或让光驱自动弹出。我经常访问 Yahoo 聊天室，在那里学会了“booters”(一种能用表情符号或 ASCII 字符过载聊天室客户端、将用户踢下线的应用)。我还学会了使用 Visual Basic 6 编程，自己制作了自定义的 booters 和账号锁定程序(多次输入错误密码导致账号锁定)。那时我真的开始认真考虑成为一名程序员，因为编程有无数种用于解决同一个问题的方法，每种方法都独一无二。这一切在我 17 岁时发生了变化。我下载了一款盗版软件，结果它被标记为木马病毒。我非常生气，几乎就被骗了，差点成了受害者。在此之前，我学过一些关于逆向工程和反编译的知识。这让我发现了一个 FTP 用户名和密码，并意识到攻击者正在将受害者的被盗凭证发送到他的 FTP 服务器。我用这些凭证登录了 FTP，发现里面有数百 GB 的文本文件，里面包含无数的凭证，从电子邮件地址到银行账户登录信息，应有尽有。这对我来说是一个沉重的负担，因为未经授权登录 FTP 服务器让我有一种共犯的感觉。我最终决定做我认为正确的事情，把服务器上的所有文本文件都删除了。我毫不怀疑，我帮助成千上万的人免受欺诈交易、资金被盗等困扰。

我在海军服役的那段时间非常令人兴奋，收获颇丰，我喜欢每一天都是不一样的，我永远不知道第二天会做什么。遗憾的是，随着年龄的增长，这成了一个问题，我想要获得一种稳定感。几乎每三到四年就搬一次家，这对我实现新目标不利，每次搬家都感觉像是重新开始生活。

然后，一个机会落到了我身上，多亏了 Tim Cookson。他是我在海军的同事，比我提前几个月退役，并得到了一个 SOC 分析师的工作机会。他知道我也即将退役，便对招聘人员说，除非他们也雇用我，否则他不会接受这份工作。我们之间的关系是这样的：他在海军时担任 CTR，主要处理无线电通信，对网络安全或 IT 并不熟悉。我们一起工作，他通过耳濡目染和在部署期间用到的实际操作，迅速学到了很多知识。他学得非常快，甚至比我的一些同事进步得更快。至今，他将他大部分的技能和知识归功于我，但我并不完全同意这个说法。他把所有空闲时间都用在 UMUC 大学课程上，熬夜搭建实验室并进行各种实验，甚至在业余时间主动参与我们分析师的工作。他觉得他亏欠我什么，而他的回报就是帮我找到一份工作。经过几轮面试，他们都愿意聘用我们。于是，我们接受了这份工作。

我在 SOC 的第一天过得有点艰难。这里没有等级结构，基本上每个人都处在同一个“水平”，而且日常生活似乎有些混乱。我不知道该如何正确地称呼公司副总裁之类的人，只好保持安静，观察大家是如何交流的。这是我生命中最长的八小时，确实感觉有些尴尬。我领取了硬件设备和笔记本电脑，坐下来和其他 SOC 分析师一起，让他们帮我设置电子邮件和 Citrix 环境。每个人都很安静，对我的问题回答得简明直接，即便我试图跟他们聊得更随和一些。后来我才知道，有一位分析师问我是不是他们的新老板，这时我才意识到为什么大家对我这么小心翼翼。我穿着西装打着领带，在一个非常随意的环境中，我想这让他们感到不安，因为在这里，只有客户的高管才会穿得如此正式。

在接受这份工作之前，我参加过几次面试，之后也经历过无数次面试。关于招聘过程，有几件事需要特别注意。我们在网络安全和 IT 领域往往过于关注技术能力，但实际上，这仅仅占公司考量的大约一半。面试官最想了解的，是你能否融入团队。通常他们会提到一些特定事件，或要求你详细讲述某些经历，试图了解你的工作方式，以及是否能和团队合作愉快。在这方面一定要真实，完全诚实，特别是在你没有答案或不了解的情况下。面试时，确保突出你取得的成就，并尽量将这些成就与公司利益关联起来。例如，从一名事件处理人员转为 SOC 分析师时，我会表明自己了解事件响应生命周期，能够很好地融入 3 级 SOC 分析师的角色，同时具备处理入侵的相关经验，理解事件处理人员是如何解决入侵问题的。最后，记住你在面试时也在考察对方。我通常不喜欢和招聘人员或招聘经理谈论日常工作，而是会要求与初级或中级分析师交谈。观察他们受到的对待，以及他们在 2 级和 3 级工作中的参与程度，可以很好地了解公司氛围。他们通常会提供你在这个岗位上可能会做的事情的真实、直观的看法。

现在回想起来，我真希望自己当时能放下自尊。如果我停止比较或争论，而只是倾听他人，我本可以取得巨大的进步。即使是最初级的分析师也可能遇到过、阅读过或理解过某个你可以学习的概念。我认为这最终源于一种被称为“冒名顶替综合征”的感觉，即你会觉得自己并没有看起来那么优秀。我遇到的几乎每个人都在某种程度上经历过这种感觉，我相信这种“证明”自己的需求让我与他人的想法和观点隔绝了。我还希望我能展示我所有的技能，包括那些超出网络安全范畴的技能，例如，编程，以便我能够与未来的雇主分享，同时也帮助社区。例如，提供免费的课程来教授希望转行的成年人，或者想学习的青少年，或是在某个 GitHub 项目中以某种方式协助。这将向他人展示你对这个领域的热情，同时也能帮助你与其他人建立联系。关于认证，我会更强调质量而非数量。CompTIA 的认证固然不错，但它们的认可度不如 SANS、ISC2 或 ISACA 的认证。这一点很重要，因为在大多数职位招聘信息中，CISSP 或 GCIH 的出现频率远高于 Security+。

在安全运营中心(SOC)工作通常意味着每天 24 小时、每周 7 天、每年 365 天的工作环境。也就是说，你必须能够接受有些不规律的工作时间安排，特别是在人员不足或每周、每月、每季度都有轮班变更的情况下。如果有人请假或者发生了入侵事件，你有时也需要牺牲周末和空闲时间。这让生活的计划变得有些困难，特别是当 SOC 尚未完全成熟和自主时。最后，我希望我能完成大学学业。我目前正在努力完成我的在职学士学位，但我太过重视认证，以至于没有接受任何正式的教育。在网络安全领域，缺乏大学教育并不会对职业生涯造成本质上的损害，但我确实因为没有学位而错过了晋升管理职位的机会。希望这种情况不会再发生。

尽管我很享受从零开始创建安全运营中心(Security Operation Center，SOC)环境并参与事件响应，但我正在慢慢转型成为一名渗透测试员。这是一个全新的领域，需要完全不同的技能组合，其中理解计算机的运作方式至关重要。我曾参与过渗透测试，并在蓝队的角色中确定入侵点和入侵范围，但我希望更深入地学习漏洞利用技术。目前，我正在利用空闲时间搭建 Hack the Box 实验室，并在我的家庭实验室中使用 Metasploit。我希望这次转型能够迅速而顺利，虽然到目前为止，我每天都在学习新东西！

11.7 小结

当闹钟响起时，你的意识被唤醒，准备迎接崭新的一天。你洗了个冷水澡，让头脑保持足够的清醒。你已经充满活力，但还是泡了杯咖啡。你坐下，准备开始享受作为 SOC 分析师的新生活，舒舒服服地坐进那把完美摆放的旋转椅，体验椅子带来的短暂的弹跳感。你转身面对桌子，目光与显示器平齐，然后喝下早晨的第一口咖啡，让那提神的香气唤醒你的思维。你闭上眼睛，享受着这一刻。你沉浸在事业走上正轨的巨大成就感中。你发出“啊”的一声，因为这种感觉正是你梦寐以求的。你为来到这里工作付出了很多努力，所以你稍作停留，享受生活的体验。这种感觉极其令人满足，在你享受完这一刻之后，这种感受逐渐消散，然后你带着我给你提出的建议开始了第一天的工作：记得提问，保持好奇心。伟大的 SOC 分析师有许多共同的主题，而 Walt Disney 说得最好：

然而，在这里，我们并不会长时间地回顾过去。我们不断向前迈进，打开新的大门，做新的事情，因为我们充满好奇……而好奇心不断引导我们走向新的道路。

——Walt Disney